建筑工程项目管理标准化丛书

U0167649

安全文明施工标准化

兰州市建筑业联合会　组织编写

林景祥　米万东　李　明　刘怀良　　主编

中国建筑工业出版社

审核人员：

杨雪萍　常自昌　冯建民　张敬仲
哈晓春　宋小春　滕映伟　吴小燕
司拴牢　鲁相俊　刘广建　吴富明
满吉昌　肖　军

丛书前言

建设项目是施工企业的窗口，工程项目管理标准化是企业管理和争优创效的重要环节。在兰州市建筑业联合会组织的各类优秀项目观摩学习中，我们看到各施工企业都在学标准、建标准、用标准，努力实现项目管理标准化，提升地区建筑施工管理能力，成为我们编写标准化丛书的动力。

工程项目管理标准化是用标准化的规则把项目管理的成功做法和经验，在工程质量管理及细部节点做法、安全文明施工、作业机械、技术资料等方面实现由粗放式向制度化、规范化、标准化方式转变；成为企业扩大生产，规范运作的有力推手。达到完善企业质量安全管理体系，规范企业质量安全行为，落实企业主体责任，提高工程管理水平。

工程项目管理标准化在项目管理过程中具体表现为：**管理制度标准化、人员配备标准化、现场管理标准化、过程控制标准化。**是目前和今后一段时间企业管理的主题。纵观兰州地区各施工企业标准化的实施还是良莠不齐，或者只是某个方面某个环节在开展，没有形成配套的标准化。本标准化丛书的编写，对兰州地区建设施工项目管理具有重要的贡献，为会员单位提供了现场作业的具体标准、为施工管理人员提供了工作指南，对促进、规范、提升企业管理层次和发展有着重要的意义。

工程项目管理标准化，可以将复杂的问题程序化，模糊的问题具体化，分散的问题集成化，成功的方法重复化，实现工程建设各阶段项目管理工作的有机衔接，整体提高项目管理水平，为又好又快实施大规模建设任务提供保障。还可以通过总结项目管理中的成功经验和做法，有利于不断丰富和创新项目管理方法和企业管理水平。

工程项目管理标准化，可以对项目管理的成功经验进行最大范围内的复制和推广，搭建起项目管理的资源共享平台，可以在每个管理模块内制定相对固定统一的现场管理制度、人员配备标准、现场管理规范和过程控制要求等，最大限度地节约管理资源，减少管理成本。可以推行统一的作业标准和施工工艺，有效避免施工过程中的质量通病和安全死角，为建设精品工程和安全工程提供保障。

工程项目管理标准化，可以对项目管理中的各种制约因素进行预前规划和防控，有效减少各种风险，避免重蹈覆辙，可以建立标准的岗位责任制和目标考核机制，便于对员工进行统一的绩效考量。

前言

党和国家高度重视安全生产工作，习近平总书记在党的十九大报告中特别强调："树立安全发展理念，弘扬生命至上、安全第一的思想。"为深入开展工程安全提升行动，推动建筑业高质量发展，促进会员单位安全生产和文明施工的管理水平，促使安全生产形势持续稳定好转，不断增强人民群众获得感、幸福感、安全感，将安全生产要求落实到每个项目、每个员工，落实到工程建设全过程。

安全生产管理标准化，是指通过建立安全生产责任制，制定安全管理制度和操作规程，排查治理隐患和监控重大危险源，建立预防机制，规范生产行为，使各生产环节符合有关安全生产法律法规和标准规范的要求，人（人员）、机（机械）、料（材料）、法（方法）、环（环境）、测（测量）处于良好的生产状态，并持续改进，不断加强企业安全生产规范化建设。

文明施工标准化是以提高建设工程项目施工现场管理及文明施工水平为目标，规范项目文明施工行为，配合安全生产，提高社会群众对项目管理的认可度和舒适度。将文明施工、绿色建筑纳入对施工企业的安全生产评价、资质考核、省级文明工地、甘肃省绿色建筑示范工程评选内容，可以据实测量建筑施工企业的综合能力、管理水准、员工的总体素质。

本书上篇为安全生产管理，下篇为文明施工；上篇侧重于施工企业的安全行为标准化，分析的是人的不安全因素及其对策。而下篇则是对施工现场提出了具体的安全管理要求，解决的是物的不安全状态及其对策。应当说上下篇珠联璧合，相辅相成。希望借助本书的推广使用，能够提升建筑工程安全生产标准化水平，推动建筑业发展更加安全、更高质量、更具竞争力。

本书是以国家及行业现行的建筑安全规范和规程、安全生产检查评定标准为基础，参照住房和城乡建设部《房屋市政工程安全生产标准化指导图册》、甘肃省住房和城乡建设厅《甘肃省建筑施工安全生产标准化考评实施细则（暂行）》《甘肃省建设工程质量和建设工程安全生产管理条例》等相关文件，大量录用了会员单位的相关成果。既体现了工程建设领域法律法规、标准规范的最新要求，又统一了施工现场安全生产标准化的做法和具体措施。

由于时间仓促和技术水平的限制，本书难免有遗漏和欠妥之处，恳请大家多提宝贵意见，以便今后修订。

目录

上篇　安全生产管理

下篇　文明施工

上篇

安全生产管理

1 安全生产管理总则

>>>

1.1 目的

贯彻执行《中华人民共和国安全生产法》《建设工程安全生产管理条例》及有关建设工程安全技术标准规范，保障建设工程作业人员的生命安全，预防事故的发生，使安全生产管理实现标准化（图1.1-1）。

图1.1-1 安全生产管理要实现标准化

1.2 安全理念

施工企业的安全生产标准化管理体系应根据企业安全管理目标、施工生产特点和规模建立、完善，并有效运行。

建设工程实行施工总承包的，由总承包施工企业对现场的安全生产负总责。

总承包施工企业依法将建设工程分包给其他单位的，分包合同中应当明确各自的安全生产方面的权利、义务。总承包施工企业和分包施工企业对分包工程的安全生产承担连带责任。

分包施工企业应当服从总承包企业的安全生产管理，分包施工企业不服从管理导致生产安全事故的，由分包施工企业承担主要责任。

1.3 安全行为要求

建设单位、勘察及设计单位、施工单位、监理单位、监测单位应按照各自职责履行项目安全管理目标、安全生产组织与责任体系、安全生产教育培训、安全生产费用管理、施工设施设备和劳动防护用品安全管理、安全技术管理、分包方安全技术管理、施工现场安全管理、应急救援管理、生产安全事故管理等安全行为。

1.4 适用范围

适用于施工企业安全生产管理标准化建设。要求主要负责人、项目负责人及专职安全生产管理人员必须取得安全生产考核合格证书。从事工程建设活动的专业技术人员应当在注册许可范围和聘用单位业务范围内从业，对签署技术文件的真实性和准确性负责，依法承担安全责任。

1.5 管理要求

本书为会员单位在安全生产管理中的协会标准化指导用书，请贯彻执行。

2 安全生产组织保障

>>>

施工企业应当依法设置安全生产管理机构，在公司董事长或总经理领导下开展本公司的安全生产管理工作，配备相应的专职安全生产管理人员，建立健全从管理机构到基层班组的管理体系。

2.1 施工企业安全生产委员会

成立以施工企业董事长或总经理为主任委员的安全生产委员会（以下简称安委会），统一领导企业的安全生产工作。由安委会主任委员组织定期召开安委会会议，听取安全生产工作汇报，研究部署企业安全生产工作，研究决策安全生产重大事项。

设立安全生产委员会办公室（以下简称安委办），作为安委会的办事机构。安委办设在企业安全生产监管部，安委办主任由企业安全生产监管部安全总监兼任。由安委办落实安委会决议，督促、检查会议决定事项的贯彻落实情况，承办安委会交办事项。

2.2 施工企业安全生产管理部门

（1）企业设置负责安全生产管理工作的独立职能部门，人员配备应按照《建筑施工企业安全生产管理机构设置及专职安全生产管理人员配备办法》的规定，满足表 2.2-1 要求，并应根据企业经营规模、设备管理和生产需要予以增加。

公司专职安全生产管理人员配备标准 　　　　　　　　　表 2.2-1

单位		配备标准
施工总承包	特级资质企业	不少于 6 人
	一级资质企业	不少于 4 人
	二级及以下资质企业	不少于 3 人
施工专业承包	一级资质企业	不少于 3 人
	二级及以下资质企业	不少于 2 人
劳务分包	—	不少于 2 人
分公司、分支机构	—	不少于 2 人

（2）企业安全生产管理部门为安全生产监管部（简称安监部）。设安全总监一名，应具备注册安全工程师职称。其余专职安全生产管理人员应分工明确。

（3）企业安监部具有以下职责：

1）宣传和贯彻国家有关安全生产的法律法规和标准规范；

2）编制并适时更新安全生产管理制度，并监督实施；

3）组织或参与企业生产安全事故应急救援预案的编制及演练；

4）组织开展安全教育培训与交流；

5）协调配备项目专职安全生产管理人员；

6）制订企业安全生产检查计划并组织实施；

7）监督在建项目安全生产费用的使用；

8）参与危险性较大的分部分项工程安全专项施工方案专家论证会；

9）通报在建项目违规违章查处情况；

10）组织开展安全生产评优评先表彰工作；

11）建立企业在建项目安全生产管理档案；

12）考核评价分包企业安全生产业绩及项目安全生产管理情况；

13）参加生产安全事故的调查和处理工作；

14）企业明确的其他安全生产管理职责。

（4）安监部专职安全生产管理人员在施工现场检查过程中具有以下职责：

1）查阅在建项目安全生产有关的资料、核实有关情况；

2）检查危险性较大的分部分项工程安全专项施工方案落实情况；

3）监督项目专职安全生产管理人员履责情况；

4）监督作业人员配备及使用安全防护用品的情况；

5）对发现的安全生产违章违规或安全隐患，有权当场予以纠正或做出处理决定；

6）对不符合安全生产条件的设施、设备、器材，有权当场做出查封的处理决定；

7）对施工现场存在的重大安全隐患有权越级报告或直接向建设主管部门报告；

8）企业明确的其他安全生产管理职责。

（5）各分公司设立安全生产监管科。其中专职安全生产管理人员不得少于 2 人。

2.3 安全生产管理人员

（1）企业董事长、总经理、有关负责人和专职安全生产管理人员应取得安全生产考核合格证书。加强安全队伍建设，注重提高专业素质，拓宽发展通道，从业人员在 300 人以上的公司应当按照不少于安全生产管理人员 15% 的比例配备注册安全工程师；安全生产管理人员在 7 人以下的，至少配备 1 名。

（2）实行建设工程项目专职安全员直接委派和管理，从具备相关条件的人员中选定并派驻施工现场，书面委托授权，对公司安全生产监管部负责。

（3）项目部由企业批准成立安全生产领导小组。组长由项目经理担任，成员由项目经理部、专业承包单位和劳务分包单位的项目经理、技术负责人和专职安全生产管理人员组成。项目安全生产领导小组的主要职责：

1）贯彻落实国家有关安全生产法律法规和标准；

2）组织制定项目安全生产管理制度并监督实施；

3）编制项目生产安全事故应急救援预案并组织演练；

4）保证项目安全生产费用的有效使用；

5）组织编制危险性较大的分部分项工程安全专项施工方案；

6）开展项目安全教育培训；

7）组织实施项目安全检查和隐患排查；

8）建立项目安全生产管理档案；

9）及时、如实报告生产安全事故。

2.4 企业安全生产管理流程

企业安全生产管理流程图如图 2.4-1 所示。

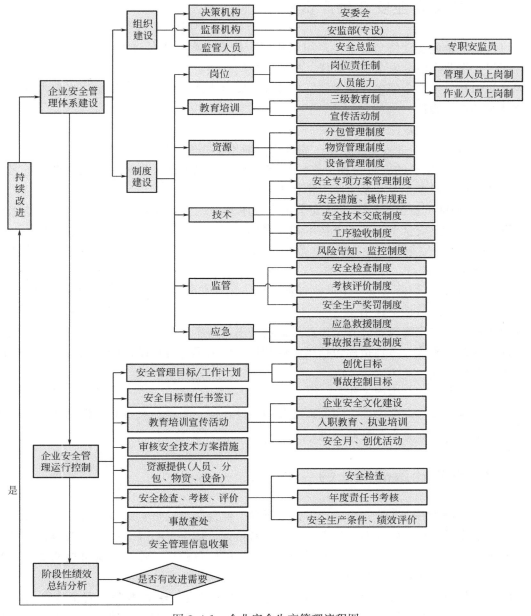

图 2.4-1 企业安全生产管理流程图

3 安全生产责任体系

>>>

3.1 施工企业安全生产责任

（1）施工企业建立健全安全生产组织相对应的安全生产责任体系，并明确各管理层、职能部门、作业岗位的安全生产责任。按照"横向到边、纵向到底"的原则，建立覆盖所有职能部门和员工、全部生产经营和管理过程的安全生产责任制，并根据法规要求和岗位调整及时补充和修订。

（2）施工企业关键岗位安全职责：

1）总经理是本企业安全生产第一责任人，对本企业安全生产工作负总责；

2）分管安全生产的副总经理负责统筹制定安全生产制度，落实安全生产措施，完善安全生产条件，对本企业安全生产工作负重要领导责任；

3）总工程师负责组织制定企业安全生产技术管理制度，建立、完善生产安全技术保障体系，对本企业安全生产工作负技术领导责任；

4）其他负责人按照分工抓好主管范围内的安全生产工作，对主管范围内的安全生产工作负领导责任；

5）安全总监组织落实安全生产监督管理工作，对安全生产工作负监督管理责任。

（3）安全生产目标责任书：

公司每年年初应逐级签订安全生产目标责任书，落实安全生产责任，并对完成情况进行监督、检查、考核。考核指标包括结果性和过程性指标，考核结果应纳入对下级单位的年度业绩考核中。

（4）全员参与安全生产工作：

公司为全员参与安全生产工作创造必要的条件，建立激励约束机制，鼓励从业人员积极建言献策，营造安全生产良好氛围。

3.2 各责任层的责任制

（1）施工企业对全系统安全生产工作负指导、监督职责。负责编制年度以及特殊时期安全生产工作目标和实施计划，建立安全生产考核评价体系，指导、监督、考核各分公司完成安全生产工作目标，指导、协调生产安全事故的应急救援工作，负责事故的统计以及安全事故的报告、内部调查和处理。

（2）分公司对本单位安全生产工作负监督、管理职责。建立本单位安全生产管理制度、标准，监督、检查所属项目经理部建立并完善安全生产组织保证体系，落实安全责任和各项安全技术措施方案，定期开展检查活动，对项目经理部安全生产状况实施综合考评，负责事故的统计、报告和一般事故的内部调查和处理。

（3）项目经理部负责具体组织和实施各项安全生产工作。贯彻落实各项安全生产的法律、法规、规章、制度，组织、落实各项安全生产管理工作，完成各项考核指标；建立并完善项目部安全生产责任制度和自我监督考核体系，积极开展各项安全活动，监督、控制分包队伍执行安全规定；建立项目部应急救援组织，及时、如实报告生产安全事故。

3.3　各级安全生产责任制

3.3.1　施工企业管理层的安全生产责任制

见表 3.3-1。

施工企业管理层的安全生产责任制　　　　　　　　　　　　　表 3.3-1

职务	安全生产职责
董事长/ 总经理	1. 是企业安全生产第一责任人，对安全生产工作全面负责
	2. 领导企业的安全管理工作。贯彻安全生产方针政策、法律法规，主持安委会及安全生产重要工作会议，签发安全生产工作重大决定，审定安全生产重要奖惩
	3. 审定并批准安全生产责任制、安全生产规章制度，督促检查同级副职和分公司经理贯彻落实及执行情况
	4. 按照国家相关规定健全安全生产管理机构，充实专职安全生产管理人员
	5. 保证企业安全生产投入的有效实施
	6. 督促、检查安全生产工作，及时消除事故隐患
	7. 组织制定并督促实施生产安全事故应急救援预案
	8. 及时、如实报告生产安全事故
主管生产 副总经理	1. 统筹组织实施生产过程中的安全生产措施，对安全生产负直接领导责任
	2. 协助总经理贯彻执行安全生产的方针政策、法律法规、标准规范
	3. 协助总经理组织制定安全生产规章制度和操作规程
	4. 协助总经理督促、检查安全生产工作，及时消除事故隐患
	5. 确定年度安全生产工作目标，组织落实安全生产责任制
	6. 组织制订安全生产投入使用计划，有效实施安全生产资金
	7. 组织企业安全生产检查，及时解决生产过程中安全问题，落实重大事故隐患整改
	8. 组织实施企业生产安全事故应急救援预案
	9. 及时、如实报告生产安全事故，组织对事故的内部调查处理
总工程师	1. 负责企业安全生产科技工作，对企业安全生产负技术领导责任
	2. 组织建立安全技术保证体系，开展安全技术研究，推广先进的安全生产技术
	3. 审核、批准本企业安全技术规程及重大或特殊工程安全技术措施或方案
	4. 组织建立"四新"技术推广应用体系和培训体系
	5. 组织制定处置重大安全隐患和应急抢险中的技术方案
	6. 参加重大工程项目特殊结构安全防护设施的验收
	7. 组织和参加重大生产安全事故的调查分析，确定技术处理方案和改进措施

职务	安全生产职责
总经济师	1. 负责企业经济核算管理,对安全生产负重要领导责任
	2. 按照有关规定,审核企业安全生产费用的规定和使用方案
	3. 组织编制安全生产各项经济政策和奖罚条例
	4. 总结和调查研究安全生产工作各项措施和经费的实施情况,提出新的可行性方案
总会计师	1. 负责企业财务管理,对安全生产监管负重要责任
	2. 贯彻落实有关安全生产投入的规定,组织制定并实施安全生产费用管理办法
	3. 组织建立安全生产费用保证体系,统筹安排安全生产费用的筹集和使用
	4. 组织分析安全生产费用,提出加强安全生产费用管理方案
安全总监	1. 配合主管生产副总经理开展安全生产监督管理工作,对安全生产负监管领导责任
	2. 协助总经理建立本企业安全生产监督保障体系并具体实施
	3. 配合生产副总经理组织落实安全生产规章制度、安全操作规程
	4. 代表公司委派及书面签发专职安全员任职通知书
	5. 负责安全生产监督管理工作的总体策划与部署,并督促实施
	6. 协助主管生产副总经理定期召开安全生产工作会议,及时解决存在的安全问题
	7. 组织开展安全生产检查,督促隐患整改
	8. 组织安全生产宣传、教育、培训工作,督促岗位人员持证上岗
	9. 领导安全生产监督管理部门开展工作,督促、指导下属单位安全生产工作
	10. 协助主管生产副总经理开展"安全生产月"、安全生产、文明施工竞赛活动
	11. 对下属单位安全生产目标完成情况进行考核,提出奖罚意见

3.3.2 施工企业及项目经理部的安全生产责任制

见表 3.3-2。

施工企业及项目经理部的安全生产责任制　　　　　　表 3.3-2

部门/机构	安全生产职责
公司安全生产委员会	1. 贯彻落实国家有关安全生产的法律、法规、方针和政策
	2. 是企业安全生产的最高决策机构,统一领导企业的安全生产工作,研究决策企业安全生产的重大问题
	3. 每年初研究分析上年度安全生产情况,解决实际工作中存在的人、财、物等资源不足的问题,部署本年度安全生产工作
	4. 组织重大事故的调查处理工作
安全生产监管部	1. 贯彻执行安全生产的方针政策、法律法规、标准规范
	2. 监督检查企业的各类人员、各部门的安全生产工作及安全生产责任的落实
	3. 组织安全教育培训和安全活动,开展安全思想意识和安全技术知识教育
	4. 负责制定、更新安全生产管理制度,检查执行情况
	5. 组织安全生产检查,督促隐患整改,对现场重大隐患和紧急情况有权令其停止作业
	6. 监督企业和项目安全生产费用的正确使用
	7. 审核项目专职安全生产管理人员的配备方案

部门/机构	安全生产职责
安全生产监管部	8. 参与分包单位选择考核,对分包单位安全生产能力提出评价意见
	9. 参加安全技术措施、安全专项施工方案的审核、专家论证
	10. 参与重大工程项目机械设备、安全防护设施的验收
	11. 组织安全考核评比,会同工会认真开展安全生产竞赛活动,总结、交流、推广安全生产先进管理方法、科研成果
	12. 监督检查劳动防护用品、有毒有害作业场所劳动保护措施落实
	13. 指导基层安全生产工作,定期召开安全专业人员会议
	14. 编制生产安全事故应急救援预案,开展演练活动
	15. 及时、如实报告生产安全事故,参加事故调查处理,建立事故档案
工程管理部	1. 在总工程师领导下编制企业安全技术规程,并发布实施
	2. 制定针对施工图设计文件进行会审的管理制度
	3. 负责安全生产的技术保障和改进,生产计划、布置、实施的安全管理
	4. 督促项目部对生产操作工人进行施工工艺和安全操作技术培训
项目安全负责人	1. 对项目的安全生产进行监督检查
	2. 认真执行安全生产规定,监督项目安全管理人员的配备和安全生产费用的落实
	3. 协助制定项目有关安全生产管理制度、生产安全事故应急预案
	4. 对危险源的识别进行审核,对项目安全生产监督管理进行总体策划并组织实施
	5. 参与编制项目安全设施和消防设施方案,合理布置现场安全警示标志
	6. 参加现场机械设备、安全设施、电力设施和消防设施的验收
	7. 组织定期安全生产检查,组织安全管理人员每天巡查,督促隐患整改。对存在重大安全隐患的分部分项工程,有权下达停工整改决定
	8. 落实员工安全教育、培训、持证上岗的规定,组织作业人员入场三级安全教育
	9. 组织开展"安全生产月"、安全达标、安全文明工地创建活动,督促主要责任部门及时上报有关活动资料
	10. 发生事故应立即报告,并迅速参与抢救
	11. 归口管理有关安全资料
项目施工员	1. 对其管理的单位工程范围内的安全生产、文明施工全面负责
	2. 严格执行制定的安全施工方案,按照施工技术措施和安全技术操作规程的要求,结合负责施工的工程特点,以书面方式逐条向班组进行安全技术交底,履行签字手续,做好交底记录
	3. 检查施工人员执行安全技术操作规程的情况,制止不顾人身安全、违章冒险蛮干的行为
	4. 参加管辖范围内的机械设备、电力设施、安全防护设施和消防设施的验收,并负责对设施的完好情况进行过程监控
	5. 参加项目组织的安全生产、文明施工检查,对管辖范围内的安全隐患制定整改措施并落实
	6. 在危险性较大的分部分项工程施工中,负责现场指导和监管
	7. 发生生产安全事故,要立即向项目经理报告,组织抢救伤员和人员疏散,并保护好现场,配合事故调查,认真落实防范措施

部门/机构	安全生产职责
项目专职安全员	1. 认真宣传、贯彻安全生产法律法规、标准规范,检查督促执行
	2. 参与编制项目有关安全生产管理制度、安全技术措施计划和安全技术操作规程,督促落实并检查执行情况
	3. 每天进行安全巡查,及时纠正和查处违章指挥、违规操作、违反安全生产纪律的行为和人员,并填写安全日志。对施工现场存在安全隐患有权责令纠正和整改,对重大安全隐患有权下达局部停工整改决定
	4. 对危险性较大的分部分项工程安全专项施工方案实施过程进行监督并做好记录
	5. 对检查中发现的安全隐患督促落实整改,对整改结果进行复查
	6. 组织项目日常安全教育,督促班组开展班前安全活动
	7. 参加现场机械设备、电力设施、安全防护设施和消防设施的验收
	8. 建立项目安全生产管理档案,如实记录和收集安全检查、交底、验收、教育培训及其他安全活动的资料
	9. 发生生产安全事故立即报告,参与抢救,保护现场,并对事故的经过、应急处理过程做好详细记录
项目作业人员	1. 自觉遵守安全生产法规、规章、规程和劳动纪律,接受安全生产教育和培训
	2. 特种作业人员接受专门的培训,经考试合格取得操作资格证书,方可上岗作业
	3. 按照安全操作规程和安全技术交底进行操作,不违章作业、违反劳动纪律,有权拒绝违章指挥行为,做到"三不伤害"(不伤害自己、不伤害他人、不被他人伤害)
	4. 正确使用安全生产用具、佩戴劳动保护用品
	5. 正确识别现场的安全警示标志,严禁破坏安全防护设施和消防设施,及时向现场管理人员反映施工现场不安全因素
	6. 发生事故立即报告,听从指挥,按规定路线疏散,积极参加抢险

3.3.3 项目经理部关键岗位安全生产责任制

见表 3.3-3。

项目经理部关键岗位安全生产责任制　　　　　　　　　　　表 3.3-3

职务	安全生产职责
项目经理	是项目安全生产第一责任人,对安全生产工作全面负责
	落实国家及地方安全生产法律法规、规范和企业安全生产制度、标准
	落实安全生产监督管理机构,配备安全生产监督管理人员
	负责与各岗位管理人员及分包分供单位签订安全生产责任书,并组织考核
	组织编写安全管理策划,编制落实安全管理策划的计划、措施和方案
	编制危险源清单,制定危险源防范措施和方案
	组织编制安全生产应急预案,并进行交底和组织演练
	负责安全生产措施费用的及时投入,保证专款专用
	组织实施安全教育培训
	组织开展国家、地方政府及企业有关安全生产活动
	履行领导带班职责,组织安全生产检查,落实隐患整改
	组织召开安全生产会议,研究解决安全生产问题
	及时、如实报告生产安全事故,组织事故应急救援,配合事故调查和处理

职务	安全生产职责
项目生产经理	参与编写安全管理策划,落实安全管理策划的相关要求
	参与编写安全专项方案和技术措施,并组织落实
	组织大、中型机械设备、重要防护设施和消防设施的安全验收
	参加深基坑、模板支撑体系、高大脚手架等危险源的安全验收
	落实国家、地方政府及企业开展的有关安全生产活动
	履行领导带班职责,组织安全生产检查,落实隐患整改
	落实安全生产费用投入,监督审核分包供应单位安全生产投入计划
	落实应急救援设备和设施,组织开展应急演练
	主持召开安全生产会议,解决安全生产问题,制定安全防范措施
	组织开展安全文化建设及达标创优活动
	发生伤亡事故组织人员抢救,保护现场,配合事故调查
项目技术负责人	对项目安全生产技术负总责
	落实安全技术标准规范,配备有关安全技术标准规范
	组织危险源的识别、分析和评价,组织编制危险源清单
	负责组织编制危险性较大的分部分项工程安全专项施工方案
	组织安全技术方案的交底工作,监督方案的落实情况
	组织现场危险性较大的分部分项工程、特殊防护设施验收
	履行领导带班职责,参加安全生产检查,落实隐患整改
	参加安全生产会议,提出技术应对措施
	应用安全生产新材料、新技术、新工艺、新设备
	总结推广安全生产科技成果及先进技术
	参加事故应急救援,配合事故调查处理,制定技术防范措施
项目质量负责人	负责工程建设所需的临水、临电、消防以及生活用房等临时设施的质量管控
	参与大型机械、施工机具等进场验收,参与操作架、卸料平台等的质量控制
	参与超过一定规模的危险性较大的分部分项工程的验收
项目机电负责人	负责监督机电分供、分包商落实安全生产责任
	组织机电分部分项工程的危险源辨识,制定专项安全技术方案,落实交底工作
	组织参加安全生产检查,督促隐患落实整改情况
	组织对现场机电设备的验收
	参加事故应急救援,配合事故调查
施工员	执行安全施工方案,向作业人员进行安全技术交底
	检查作业人员执行安全技术操作规程的情况,制止违章作业行为
	参加辖区内设备设施的验收,并对设备的使用情况进行过程监控
	参加安全生产、文明施工检查,对辖区内的安全隐患制定整改措施并落实
	在危险性较大的分部分项工程施工中进行现场作业和监督
	参加事故应急救援,配合事故调查

3.3.4 安全技术操作规程

项目经理部应制定施工现场主要工种的安全技术操作规程，并在作业区悬挂（图 3.3-1）。

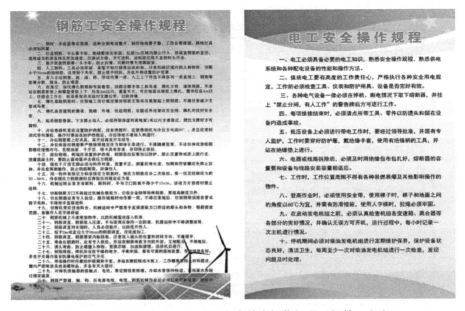

图 3.3-1 施工现场主要工种的安全技术操作规程（钢筋工和电工）

4 安全技术管理

4.1 体系建立

施工企业建立健全安全技术保障体系，制定完善安全生产技术管理制度，配备相应的安全生产法律法规、标准规范，并及时更新。编制施工组织设计、各类专项施工方案等技术文件时，应有安全技术保障措施，未经审批，不得进行施工作业。

4.2 安全技术措施及方案

施工企业应当在施工前组织工程技术人员编制专项施工方案，企业技术、安全、工程部门审核，总工程师（或总工程师授权人员）审核签字。企业安全生产监管部应对安全措施与专项施工方案的编制、审核过程进行监督。危险性较大的分部分项工程专项施工方案的编制及审核程序如图 4.2-1 所示、安全技术措施及方案编制审核流程如表 4.2-1 所示。

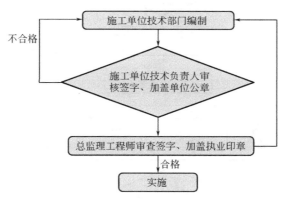

图 4.2-1　危险性较大的分部分项工程专项
施工方案的编制及审核程序

安全技术措施及方案编制审核流程　　　　　　　　　　表 4.2-1

安全技术措施及方案	编制	审核	审核签字
一般工程的安全技术措施及方案	项目技术人员	项目技术部门	项目经理
危险性较大的安全技术措施及方案	项目技术负责人（企业技术管理部门）	企业技术、安全、质量等管理部门	企业总工程师（或其授权）
超过一定规模的危险性较大的分部分项工程的安全技术措施及方案	项目技术负责人（企业技术管理部门）	企业安全、质量管理部门审核并聘请专家论证	企业总工程师（或其授权）

4.3 超过一定规模的危险性较大的分部分项工程专项施工方案

施工单位应当在危险性较大的分部分项工程施工前组织工程技术人员编制专项施工方案。实行施工总承包的，专项施工方案应当由施工总承包单位组织编制。危险性较大的分部分项工程实行分包的，专项施工方案可由相关专业分包单位组织编制。

专项施工方案编制完成后，施工单位（总承包单位和专业分包单位）组织企业相关部门（质量、安全、技术、机械设备等）技术人员对方案进行复核，主要内容如下：

（1）专项方案的编制依据是否齐全、有效；

（2）专项施工方案内容是否完整、可行；

（3）专项施工方案计算书和验算依据、施工图是否符合有关标准规范；

（4）专项施工方案是否满足现场实际情况，并能够确保施工安全；

（5）应急预案是否可靠。

复核完成后，总工程师审核签字，由施工单位组织召开专家论证会进行论证。超过一定规模的危险性较大的分部分项工程专项施工方案编制、审核、论证、修改流程图如图 4.3-1 所示。

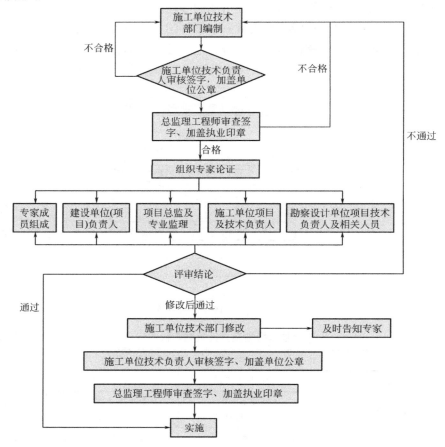

图 4.3-1 超过一定规模的危险性较大的分部分项工程专项方案编制、审查、论证、修改流程图

4.4 危险性较大的分部分项工程专项施工方案

主要内容包括：

（1）工程概况（概况和特点、施工平面布置、施工要求和技术保证条件）；

（2）编制依据（相关法律法规，规范、施工图设计文件、施工组织设计等）；

（3）施工计划（施工进度计划、材料与设备计划）；

（4）施工工艺技术（技术参数、工艺流程、施工方法、操作要求和检查要求）；

（5）施工安全保证措施（组织保障措施、技术措施、监测监控措施）；

（6）施工管理及作业人员配备和分工（施工管理人员、专职安全生产管理人员、特种作业人员、其他作业人员）；

（7）验收要求（验收标准、验收程序、验收内容、验收人员）；

（8）应急处置措施；

（9）计算书及相关施工图纸。

4.5 危险性较大的分部分项工程的监管

（1）施工单位应当在施工现场显著位置公告危险性较大的分部分项工程名称、施工时间、可能出现的风险、具体责任人员、联系方式等内容，并在危险区域设置安全警示标志。

（2）对于超过一定规模的危险性较大的分部分项工程，专家组长或专家组长指定的专家应当自专项施工方案实施之日起，每月对专项施工方案的实施情况进行不少于一次的现场检查指导，并根据检查情况对危险性较大的分部分项工程的安全状态做出判断，填写检查指导意见留存施工现场备查。

（3）对于按照规定需要进行第三方监测的危险性较大的分部分项工程，建设单位应当委托具有相应勘察资质的单位进行监测，要求如下：

1）监测单位应当编制监测方案，主要内容应当包括工程概况、监测依据、监测内容、监测方法、人员及设备、测点布置与保护、监测频次、预警标准及监测成果报送等。

2）监测方案由监测单位技术负责人审核签字并加盖公章，报送监理后方可实施。

3）监测单位应当按照监测方案开展监测，及时向建设单位报送监测成果，并对监测成果负责；发现异常时，及时向建设、设计、施工、监理单位报告，建设单位应当立即组织相关单位采取处置措施。

（4）施工单位及项目部分别建立在建项目危险性较大的分部分项工程安全监管台账，进行动态监管。各级技术部门、工程部门、安全部门，应当按照各自职责，分别把危险性较大的分部分项工程的实施、监督作为工作检查的重点，定期对项目进行检查。

4.6 危险性较大的分部分项工程判定标准

4.6.1 危险性较大的分部分项工程清单

见表 4.6-1。

危险性较大的分部分项工程清单　　　　　　　　　　　表 4.6-1

分部分项工程	备注
基坑工程	开挖深度超过 3m(含 3m)的基坑(槽)的土方开挖、支护、降水工程。开挖深度虽未超过 3m,但地质条件、周围环境和地下管线复杂,或影响毗邻建(构)筑物安全的基坑(槽)的土方开挖、支护、降水工程
模板工程及支撑体系	各类工具式模板工程:包括滑模、爬模、飞模、隧道模等工程。混凝土模板支撑工程:搭设高度 5m 及以上,或搭设跨度 10m 及以上,或施工总荷载(荷载效应基本组合的设计值,以下简称设计值)10kN/m² 及以上,或集中线荷载(设计值)15kN/m 及以上,或高度大于支撑水平投影宽度且相对独立无联系构件的混凝土模板支撑工程。承重支撑体系:用于钢结构安装等满堂支撑体系
起重吊装及起重机械安装拆卸工程	采用非常规起重设备、方法,且单件起吊重量在 10kN 及以上的起重吊装工程。采用起重机械进行安装的工程。起重机械安装和拆卸工程
脚手架工程	搭设高度 24m 及以上的落地式钢管脚手架工程(包括采光井、电梯井脚手架)。附着式升降脚手架工程、悬挑式脚手架工程、高处作业吊篮、卸料平台、操作平台工程、异形脚手架工程
拆除工程	可能影响行人、交通、电力设施、通信设施或其他建(构)筑物安全的拆除工程
暗挖工程	采用矿山法、盾构法、顶管法施工的隧道、洞室工程
其他	建筑幕墙安装工程;钢结构、网架和索膜结构安装工程;人工挖孔桩工程;水下作业工程;装配式建筑混凝土预制构件安装工程;采用新技术、新工艺、新材料、新设备可能影响工程施工安全,尚无国家、行业及地方技术标准的分部分项工程

4.6.2 超过一定规模的危险性较大的分部分项工程清单

见表 4.6-2。

超过一定规模的危险性较大的分部分项工程清单　　　　　　　　　　　表 4.6-2

分部分项工程	备注
深基坑工程	开挖深度超过 5m(含 5m)的基坑(槽)的土方开挖、支护、降水工程
模板工程及支撑体系	各类工具式模板工程:包括滑模、爬模、飞模、隧道模等工程。混凝土模板支撑工程:搭设高度 8m 及以上,或搭设跨度 18m 及以上,或施工总荷载(设计值)15kN/m² 及以上,或集中线荷载(设计值)20kN/m 及以上的模板支撑工程。承重支撑体系:用于钢结构安装等满堂支撑体系。搭设基础标高在 200m 及以上的起重机械安装和拆卸工程
起重吊装及起重机械安装拆卸工程	采用非常规起重设备、方法,且单件起吊重量在 100kN 及以上的起重吊装工程。起重量 300kN 及以上,或搭设总高度 200m 及以上,或搭设基础标高在 200m 及以上的起重机械安装和拆除工程
脚手架工程	搭设高度 50m 及以上的落地式钢管脚手架工程。提升高度在 150m 及以上的附着式升降脚手架工程或附着式升降操作平台工程。分段架体搭设高度 20m 及以上的悬挑式脚手架工程

分部分项工程	备注
拆除工程	码头、桥梁、高架、烟囱、水塔或拆除中容易引起有毒有害气（液）体或粉尘扩散、易燃易爆事故发生的特殊建（构）筑物的拆除工程。文物保护建筑、优秀历史建筑或历史文化风貌区影响范围内的拆除工程
暗挖工程	采用矿山法、盾构法、顶管法施工的隧道、洞室工程
其他	施工高度 50m 及以上的建筑幕墙安装工程。跨度 36m 及以上的钢结构安装工程。跨度 60m 及以上的网架和索膜结构安装工程。开挖深度 16m 及以上的人工挖孔桩工程。水下作业工程。重量 1000kN 及以上的大型结构整体顶升、平移、转体等施工工艺。采用新技术、新工艺、新材料、新设备可能影响工程施工安全，尚无国家、行业及地方技术标准的分部分项工程

4.7 危险性较大的分部分项工程的安全验收

（1）超过一定规模的危险性较大的分部分项工程，经项目验收合格后，由公司或分公司组织技术、质量、安全、设备等相关部门核验。

（2）危险性较大的分部分项工程验收人员应当包括总承包单位技术负责人或授权委派的专业技术人员。经项目验收合格后，由公司或分公司机构设备部门组织工程、安全、技术等相关部门核验。

4.8 安全技术研究

公司对"新技术、新工艺、新材料、新设备"及新兴业务领域的安全技术开展研究，分别制定在用的"四新技术"的安全技术标准、安全检查标准和安全操作规程。

4.9 安全技术交底

安全技术交底的要求：

（1）各项目经理部必须建立健全和落实安全技术交底制度。

（2）安全技术交底必须按工种分部分项交底。施工条件发生变化时，应有针对性地补充交底内容；冬雨期施工应有针对季节气候特点的安全技术交底。工程因故停工，复工时应重新进行安全技术交底。

（3）安全技术交底必须在工序施工前进行，并且要保证交底逐级下达到施工作业班组全体作业人员。施工组织设计交底顺序为：项目技术负责人→项目技术人员→责任工长；分部工程施工方案技术交底顺序为：项目技术人员→责任工长→班组长；分项工程施工方案技术交底顺序为：责任工长→班组长→作业人员。

（4）安全技术交底必须有针对性、指导性及可操作性，交底双方需要书面签字确认。

安全技术交底文字资料来源于施工组织设计和专项施工方案，交底资料应接受项目安全负责人监督。安全负责人应审核安全技术交底的准确性、全面性和针对性并存档。

（5）安全技术交底见表 4.9-1，施工现场安全技术交底汇总表见表 4.9-2。

安全技术交底　　　　　　　　　　　　　　　　　　表 4.9-1

表 AQ-C1-5			编号		001
工程名称	××××项目				
施工单位	××××公司	交底部位	进场作业	劳务队	×××

1. 新进场的作业人员，必须首先参加入场安全教育培训，经考试合格后方可上岗，未经教育培训或考试不合格者，不得上岗作业；进入施工现场人员必须正确戴好合格的安全帽，系好下颚带，锁好带扣；年龄未满 18 周岁者及年龄超过 55 周岁者不得上岗，身体有疾病者不得上岗。

2. 作业时必须按规定正确使用个人防护用品，着装要整齐，严禁赤脚和穿拖鞋、高跟鞋进入施工现场。

3. 非本工种职工禁止乱摸、乱动各类机械电气设备，不要在起重机吊物下停留，以防止机械伤害、触电事故及物体打击事故。在楼层卸料平台上，禁止把头伸入井架内或在外用电梯平台处张望，防止吊笼切入事故。

4. 施工现场要注意车辆，不要到车辆下休息，防止车辆轧人。

5. 注意楼内各处孔洞，上脚手架不要踩探头板，注意孔洞及周边防护，防止高处坠落。

6. 高处作业时，严禁向下扔任何物体，防止砸伤下方人员。在没有可靠安全防护设施的高处(2m 以上含 2m)和陡坡施工时，必须系好合格的安全带，安全带要系挂牢固，高挂低用，同时高处作业不得穿硬底和带钉易滑的鞋，穿防滑胶鞋。

7. 施工现场禁止吸烟，禁止追逐打闹，禁止酒后作业。

8. 宿舍内禁止使用电炉子、电热器等设备，以防触电伤人。

9. 铁钉等扎伤脚等部位出血时，应立即报告现场主管领导或就医治疗，防止破伤风等疾病的发生。

10. 从事特种作业的人员，必须持证上岗，严禁无证操作，禁止操作与自己无关的机械设备。

11. 如无特殊情况，施工人员不要离开工地，如需要向现场值班人员请假备案。

12. 预防火灾，消灭一切火灾隐患。

13. 施工前杜绝饮酒现象，在宿舍内不能酗酒

针对性交底：

休息期间，无事不要外出，注意防火，饮酒要适量，施工前不要饮酒。现场施工，生活区按其他交底进行。施工现场必须做到"四严禁一保证"，即：严禁土方、拆除、喷锚及室外切割等易扬尘作业；严禁塔式起重机、垂直升降机等安装(包括顶升和附着)和拆卸作业；严禁明火作业；严禁外墙保温作业，已上墙的外墙保温在暂停施工前，砂浆保护层必须涂刷完毕；基坑工程作业面应留置在合理部位，并做好监测和巡视工作，确保工程及周边环境的安全。同时，施工现场应将作业面留置在合理部位，节假日期间避免护线架、外脚手架、有限空间等具有一定危险性的施工作业，进一步减少施工现场安全风险

交底人	×××	职务	×××	专职安全员 监督签字	×××
接受交底 单位负责人	×××	职务	×××	交底时间	××年××月××日
接受 交底 作业 人员 签名	××× ××× ×××				

注：1. 项目对操作人员进行安全技术交底时填写此表。2. 本表由总承包单位或专业承包单位工程技术人员填写，交底人、接受交底人、专职安全员各存一份。3. 签名栏不够时，应将签字表附后。

施工现场安全技术交底汇总表　　　　　　　　　　　表 4.9-2

工程名称：
施工单位：　　　　　　　　　　　　　　编号：

序号	编号	安全技术交底名称	交底人	交底日期	备注

填表人：　　　　　　　　　　　　　　　　　　　　年　月　日

注：本表由施工单位填写，监理单位、施工单位各存一份。

5 安全教育培训

>>>

5.1 安全教育培训

（1）施工企业必须建立安全生产宣传教育培训制度，并明确教育培训的类型、对象、时间和内容，对安全教育培训的计划编制、组织实施和记录、证书的管理要求、职责权限和工作程序做出具体规定。

（2）施工企业应将安全生产教育和培训工作贯穿于生产经营的全过程，并应分层次逐级进行。其中施工管理人员、专职安全员每年应进行一次安全教育培训和考核。

（3）安全教育培训的相关要求如表5.1-1所示。

安全教育培训相关要求   表5.1-1

各类人员安全教育培训	安全教育培训时间	发证单位	有效期
董事长、总经理、主管生产副经理	初次培训不少于32学时，每年再次培训不少于12学时	《安全生产考核合格证书》简称A证	3年
项目安全负责人		《安全生产考核合格证书》简称B证	3年
专职安全生产管理人员		《安全生产考核合格证书》简称C证	3年
特种作业人员：电工、焊工、架子工、起重司机、司索工、信号指挥工等	接受专门培训	建设主管部门颁发的《特种作业人员操作资格证》	2年
一般管理人员的安全教育培训	不少于20学时		
新上岗作业人员	岗前培训不少于24学时，再培训不少于16学时	项目经理部办理证件	1年

（4）三级安全教育，施工人员入场时，项目经理部应组织进行以国家安全法律法规、企业安全制度、施工现场安全管理规定及各工种安全技术操作规程为主要内容的三级安全教育培训和考核（图5.1-1）。现场填写三级安全教育台账记录和安全教育人员考核登记表。

（5）安全教育培训内容如表5.1-2所示。

图 5.1-1　施工人员进场要开展三级安全教育培训和考核

安全教育培训内容　　　　　　　　　　　　　　　　　　表 5.1-2

人员类别	安全教育培训内容
企业主要负责人	国家安全生产方针、政策和有关安全生产的法律、法规、规章及标准；安全生产管理基本知识、安全生产技术、安全生产专业知识；国内外先进的安全生产管理经验；典型事故和应急救援案例分析；其他需要培训的内容
项目负责人	国家安全生产方针、政策和有关安全生产的法律、法规、规章及标准；安全生产管理基本知识、安全生产技术、安全生产专业知识；重大危险源管理、重大事故防范、应急管理和救援组织以及事故调查处理的有关规定；职业危害及其预防措施；国内外先进的安全生产管理经验；典型事故和应急救援案例分析
安全生产管理人员	国家安全生产方针、政策和有关安全生产的法律、法规、规章及标准；安全生产管理、安全生产技术、职业卫生等知识；伤亡事故统计、报告及职业危害的调查处理方法；应急管理、应急预案编制以及应急处置的内容和要求；国内外先进的安全生产管理经验；典型事故和应急救援案例分析；其他内容
新进场（上岗）作业人员	有关安全生产的法律法规、安全生产方针和目标；安全生产基本知识；安全生产规章制度和劳动纪律；施工现场危险因素及危险源，危害后果及防范对策；个人防护用品的使用和维护；自救、互救、急救方法和现场紧急情况的处理；岗位安全操作规程；有关事故案例；其他需要培训的内容
其他人员	可参考以上相关培训内容进行

（6）安全教育培训类型应包括岗前教育、日常教育、季节性施工教育、节假日及重大政治活动相关的教育、年度继续教育，以及相关类证书的初审、复审培训，如图 5.1-2 所示。

（7）各类教育培训应做好记录，并建立安全教育培训档案及相关台账，如图 5.1-3 所示。

（8）工种变换及新技术培训，施工人员变换工种或采用新技术、新工艺、新设备、新材料施工时，必须进行安全教育培训，熟悉作业环境，掌握相应的安全知识技能。

图 5.1-2　安全教育培训现场

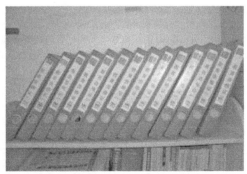

图 5.1-3　各类安全教育培训应做好记录，并建立相关台账

（9）相关表样式：

1）安全教育培训记录表样式（表 5.1-3）。

2）特种作业人员登记表样式（表 5.1-4）。

安全教育培训记录表   表 5. 1-3

安全教育培训记录表			编号	
培训主题			培训对象及人数	
培训部门或召集人		主讲人	记录整理人	
培训时间		地点	学时	

培训提纲：

参加教育培训人员（签名）：

注：1. 项目对操作人员进行教育培训时填写此表；2. 签名处不够时，应将签到表附后。

特种作业人员登记表					编号			
工程名称：					施工单位：			
序号	姓名	性别	身份证号	工种	证件编号	发证机关	发证日期	有效期至年月

（10）安全教育培训的流程图如图 5.1-4 所示。

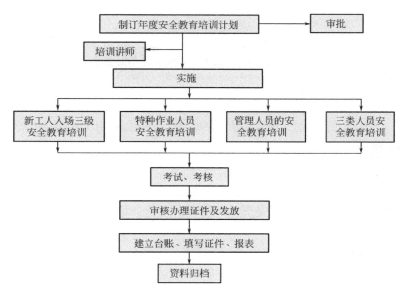

图 5.1-4　安全教育培训的流程图

5.2　安全宣传活动

（1）企业安全生产监管部每年定期开展安全宣传活动，并制定详细的活动方案。

（2）安全宣传活动的种类和形式如表 5.2-1、图 5.2-1 所示。

安全宣传活动内容　　　　　　　　　　　　　　　　表 5.2-1

活动种类	时间	活动内容或形式
周一安全活动	每周一,1h	上一周安全生产形势、存在问题及对策;本周安全生产工作的重点、难点和危险点
百日安全 无事故活动	一般为每年的 10～12 月份	看录像、听报告、分析事故案例、图片展览、急救示范、智力竞赛、热点辩论等形式
安全竞赛活动	不定期组织	安全知识竞赛、安全生产摄影比赛、演讲比赛等

图 5.2-1　开展安全生产智力竞赛活动

（3）企业支持并拨出专款用于开展各项安全生产活动费用支出，保留记录并建立相应台账。

6 安全生产监督检查

>>>

6.1 检查制度

工程项目实行逐级安全检查制度，包括日检、旬检、月检等；公司对项目实施定期检查和重点作业部位巡检制度，做到安全生产检查制度化、标准化、经常化。

6.2 检查目的

及时发现项目安全生产管理体系运行中存在的问题，并加以改进。对施工生产中易发生伤亡事故的施工部位、施工过程、现场防护设施、施工机械设备防护装置以及季节性特殊防护措施等进行检查，及时消除生产安全事故隐患，杜绝违章指挥、违章作业、违反劳动纪律现象的发生，确保安全生产。

6.3 检查内容和方式

（1）安全生产检查应按照国家现行有关标准、规范和公司有关规章制度进行。

（2）安全生产检查应以查思想、查管理、查隐患、查整改、查责任落实、查事故处理等为主要内容，以访谈、查阅记录、现场查看等为主要形式。

（3）各分公司应定期和不定期地对大型机械设备、附着升降脚手架、模板等设施以及深基坑、地下暗挖、高大模板、大型吊装、拆除、爆破、高大脚手架等危险性较大的项目进行专项、重点检查，并对起重机械安装拆卸工程进行动态监管。

（4）安全检查应依据充分、内容具体。检查按照《建筑施工安全检查标准》JGJ 59—2011 执行。

（5）安全检查应认真填写检查记录，做好安全检查总结。对查出的安全隐患和问题下发隐患整改通知单，被检单位应立即落实整改。暂时不能整改的项目，除采取有效防范措施外，应纳入计划，落实整改。整改应进行复查，跟踪督促落实，形成闭环管理。

6.4 检查用表

在《建筑施工安全检查标准》JGJ 59—2011 的基础上，将《甘肃省建筑施工安全生产标准化考评实施细则（暂行）》的附表（表 6.4-1～表 6.4-9）作为公司安全检查表格。这些表格同时作为企业安全生产管理工作评价的依据之一。

表 6.4-1

企业用表

建筑施工项目安全生产标准化月自评表

（ 年 月 ）

工程项目名称：

自评时间 年 月 日

建筑面积（m²）	结构类型	形象进度	总计得分（满分100分）	项目名称及分值									
				安全管理（满分10分）	文明施工（满分15分）	脚手架（满分10分）	基坑工程（满分10分）	模板支架（满分10分）	高处作业（满分10分）	施工用电（满分10分）	物料提升机与施工升降机（满分10分）	塔式起重机与起重吊装（满分10分）	施工机具（满分5分）

自评机构自评意见：

施工单位项目负责人：

年 月 日

监理单位意见	总监理工程师： 年 月 日

建设单位意见	建设单位项目负责人：

注：本表由项目部、监理单位各留一份。项目考评主体日常监督检查时应抽查此表。核实填写内容是否和现场一致并做好相关记录。

29

表 6.4-2
企业用表

建筑施工项目安全生产标准化阶段评价表

（　年　月　）

工程项目名称：

施工企业阶段评价时间　　年　月　日

建筑面积（m²）	结构类型	形象进度		项目名称及分值										
			总计得分（满分100分）	安全管理（满分10分）	文明施工（满分15分）	脚手架（满分10分）	基坑工程（满分10分）	模板支架（满分10分）	高处作业（满分10分）	施工用电（满分10分）	物料提升机与施工升降机（满分10分）	塔式起重机与起重吊装（满分10分）	施工机具（满分5分）

施工企业评价情况说明：

施工企业安全生产管理机构负责人：

施工单位项目负责人：　　　　　　年　月　日

监理单位意见

总监理工程师：　　　　　　年　月　日

建设单位意见

建设单位项目负责人：　　　　　　年　月　日

注：本表由项目部、施工企业、监理单位各留一份；项目考评主体日常监督检查时应抽查此表，核实填写内容是否和现场一致并做好相关记录。

表 6.4-3
企业申报用表

受理编号：　　　　　　　　　　　　　　　受理时间：

甘肃省建筑安全生产标准化
施工项目考评申报表

申报单位　　<u>　　（公章）　　　</u>

项目名称　　<u>　　　　　　　　　</u>

申请日期　　<u>　　　　　　　　　</u>

甘肃省住房和城乡建设厅制

填表说明

一、本表用于建筑施工项目安全生产标准化考评申报。

二、本表应使用计算机打印，不得涂改。

三、受理编号、受理时间由受理单位填写。

四、本表可在甘肃省建设工程安全质量监督管理局网站（http：//www.gsjs.gov.cn）下载。

五、如需加页，一律使用 A4 纸。

六、本表填写一份，按工程基本情况、建筑施工项目安全检查月评汇总表、建筑施工项目安全检查施工阶段评价汇总表、项目安全管理奖惩评分表、项目安全生产标准化自评结果及考评受理意见表的顺序装订成册。

七、本表由申报单位报至负责工程安全监督的监督机构，所有内容须如实填写，同时提供 word 电子版。

工程基本情况

	申报单位			资质等级		
	项目名称			面积(m²)/长度(m)		
	项目地址			造价(万元)		
	开工日期			结构		
	竣工日期			层数		
	通信地址			邮政编码		
	联系人			联系电话		
施工单位	项目负责人	职称		联系电话		考核合格证号
	技术负责人	职称		联系电话	/	/
	专职安全员	职称		联系电话		考核合格证号
	专职安全员	职称		联系电话		考核合格证号
	专职安全员	职称		联系电话		考核合格证号
专业分包单位一	项目负责人	职称		联系电话		考核合格证号
	技术负责人	职称		联系电话	/	/
	专职安全员	职称		联系电话		考核合格证号
	专职安全员	职称		联系电话		考核合格证号
专业分包单位二	项目负责人	职称		联系电话		考核合格证号
	技术负责人	职称		联系电话	/	/
	专职安全员	职称		联系电话		考核合格证号
	专职安全员	职称		联系电话		考核合格证号
专业分包单位三	项目负责人	职称		联系电话		考核合格证号
	技术负责人	职称		联系电话	/	/
	专职安全员	职称		联系电话		考核合格证号

33

建筑施工项目安全检查月评汇总表

序号	自评时间	得分	序号	自评时间	得分
1			7		
2			8		
3			9		
4			10		
5			11		
6			12		
项目自评平均得分			注:行不够时可增加		
项目自评意见	按时进行月自评价,资料齐全、真实,现申报项目安全生产标准化考评。 施工企业项目负责人: 　　　　　　　　　　(公章) 　　　　　　　　　　　　　　　　　年　月　日				
监理单位意见	□ 同意申报。 □ 不同意申报。理由如下: 总监理工程师: 　　　　　　　　　　　　(公章) 　　　　　　　　　　　　　　　　　年　月　日				
建设单位意见	□ 同意申报。 □ 不同意申报。理由如下: 建设单位项目负责人: 　　　　　　　　　(公章) 　　　　　　　　　　　　　　　　　年　月　日				

建筑施工项目安全检查施工阶段评价汇总表

序号	施工阶段	得分
1	基础施工阶段	
2	主体施工阶段	
3	装修施工阶段	
企业自评平均得分		注:其他专业工程按特点划分阶段
施工单位意见	我公司按时进行阶段评价,资料齐全、真实,现申报对该项目安全生产标准化考评。 施工企业安全负责人: (公章) 年 月 日	
监理单位意见	□ 同意申报。 □ 不同意申报。理由如下: 总监理工程师: (公章) 年 月 日	
建设单位意见	□ 同意申报。 □ 不同意申报。理由如下: 建设单位项目负责人: (公章) 年 月 日	

项目安全管理奖惩评分表

序号	评价类别	评价要素	评分标准	次数	分值
1	奖励	表彰奖励	国家级 10 分/次		
2			省级 8 分/次		
3			市级 5 分/次		
4			县级 3 分/次		
5		观摩工地	省级 8 分/次		
6			市级 5 分/次		
7			县级 3 分/次		
8	处罚	隐患整改	3 分/次		
9		停工整改	5 分/次		
10		通报批评	国家级 10 分/次		
11			省级 8 分/次		
12			市级 5 分/次		
13			县级 3 分/次		

项目安全管理奖惩得分为　　　分	奖励	分
	处罚	分

施工单位意见	本公司提供的项目安全管理奖惩资料齐全、真实,计分准确。现申报对该项目安全生产标准化考评。 施工企业安全负责人:　　　　　　　　　　　　(公章) 　　　　　　　　　　　　　　　　　年　　月　　日
监理单位意见	□ 同意申报。 □ 不同意申报。理由如下: 总监理工程师:　　　　　　　　　　　　　　　(公章) 　　　　　　　　　　　　　　　　　年　　月　　日
建设单位意见	□ 同意申报。 □ 不同意申报。理由如下: 建设单位项目负责人:　　　　　　　　　　　　(公章) 　　　　　　　　　　　　　　　　　年　　月　　日

　　注:奖励分值为正,处罚分值为负,得分累计上限为 10 分,下限为 −10 分。奖惩情况需提供相关证明材料,复印件副本附评分表后,原件退回。

项目安全生产标准化自评结果及考评受理意见表

自评分数	评分项目	评分	权重系数	加权得分(分)
	项目月评价		0.4	
	企业阶段评价		0.6	
	项目安全管理奖惩		1.0	
自评说明	本公司提交的前列建筑施工项目安全生产标准化有关资料真实、有效,复印件和原件内容一致。如有不实,愿承担由此引起的一切后果。 　自评综合得分_____分,评定等级_____。 　现申报对该项目安全生产标准化考评。 法定代表人盖章:　　　　　　　　　　　　　　　　　　(申报单位公章) 　　　　　　　　　　　　　　　　　　　　　　　　　　年　　月　　日			
考评主体受理意见	□ 项目自评价资料齐全,同意受理。 □ 项目自评价资料不齐全,不同意受理。 □ 项目自评价过程不规范,不同意受理。 受理人:　　　　　　　　　　　　　　　　　　　　(公章) 　　　　　　　　　　　　　　　　　　　　　　　年　　月　　日			

表 6.4-4

考评主体用表

甘肃省建筑施工项目安全生产
标准化考评结果告知书

编号：

_____：

依据《甘肃省建筑施工安全生产标准化考评实施细则（暂行）》，对你单位施工的_____项目（施工许可证号：_____）进行考评后，确认项目月评价_____分（A），阶段评价_____分（B），奖惩得分_____分（C），项目综合得分_____（$E=A\times40\%+B\times60\%+C$），考评等级为_____。

如对考评结果有异议，请在收到告知书后 5 个工作日内向施工项目所在地住房和城乡建设主管部门申请复核，逾期未提出申请的，视为放弃该权利。

不合格理由如下：

考评单位（公章）

年　月　日

签收人：　　　　　　　　　经办人：

年　月　日　　　　　　　年　月　日

注：本告知书一式二份，考评主体和申报单位各一份。

表 6.4-5

考评主体用表

甘肃省建筑施工项目安全生产标准化考评结果汇总表

填报部门（盖章）：

填报日期：　年　月　日

序号	项目名称	项目地点	施工单位	项目负责人	专职安全员	分包单位	项目负责人	专职安全员	得分

注：此表用于考评主体向上级住房和城乡建设主管部门逐级备案。每张表仅填报同一个等级的建筑施工项目。

建筑施工企业年周期安全生产标准化自评表

表 6.4-6

（　　年　月至　　年　月）

企业用表

企业名称：＿＿＿＿＿＿＿＿＿＿＿＿＿＿＿＿＿　资质等级：＿＿＿＿＿＿＿＿

安全生产许可证号码：＿＿＿＿＿＿＿＿＿＿＿＿＿　企业法人代表：＿＿＿＿＿＿

自评内容			评价结果				
			零分项（个）	应得分数（分）	实得分数（分）	权重系数	加权分数
无施工项目	表 A-1	安全生产管理				0.3	
	表 A-2	安全技术管理				0.2	
	表 A-3	设备和设施管理				0.2	
	表 A-4	企业市场行为				0.3	
有施工项目	汇总分数①＝表 A-1～表 A-4 加权值					0.6	
	表 A-5	施工现场安全管理				0.4	
	汇总分数②＝汇总分数①×0.6＋表 A-5×0.4						

评价意见：

评价负责人（签章）	年　月　日	评价人员(签章)	年　月　日
企业负责人（签章）	年　月　日	企业签章	年　月　日

注：本表应按《施工企业安全生产评价标准》JGJ/T 77—2010 要求，把表 A-1～表 A-5 作为本汇总表的附件。

表 6.4-7
企业申报用表

受理编号：   受理时间：

甘肃省建筑安全生产标准化
施工企业考评申报表

申请单位＿＿＿＿（公章）＿＿＿＿

资质等级＿＿＿＿＿＿＿＿＿＿＿

申请日期＿＿＿＿＿＿＿＿＿＿＿

甘肃省住房和城乡建设厅制

填表说明

一、本表用于建筑安全生产标准化施工企业考评申报。

二、本表应使用计算机打印，不得涂改。

三、受理编号、受理时间由受理单位填写。

四、申请单位近三年安全生产业绩应如实填写好的做法、存在的问题、近三年受到住房和城乡建设主管部门奖惩情况（包括住建部门组织观摩、通报表扬、表彰奖励、限期整改、局部或全面停工整改、通报批评、行政处罚等）、企业发生生产安全责任事故等情况。

五、本表可在甘肃省建设工程安全质量监督管理局网站（http：//www.gsjs.gov.cn）下载。

六、如需加页，一律使用 A4 纸。

七、本表填写一份，按基本情况说明、近三年所有完工施工项目自评汇总表、施工企业当前所有在建项目汇总表、奖惩情况复印件的顺序装订成册。奖惩情况需提供相关证明材料，查验后原件退回。

八、本表由申报单位报至企业考评主体，所有内容须如实填写，同时提供 word 电子版。

基本情况说明

申报单位		法人代表	
单位地址		主项资质及等级	
电子邮箱		传真	
安全生产许可证号		有效期	
企业安全生产负责人		安全生产管理机构负责人	
企业联系电话		企业联系人	
安全生产管理机构名称		专职安全生产管理人员人数	
近三年安全 生产业绩			
自评说明	近三年每年周期根据《施工企业安全生产评价标准》JGJ/T 77—2010 等进行自评,得分分别为___、___、___分,平均得分为___分,企业自评结果为_____。本公司提交的有关资料真实、有效,如有不实,愿承担由此引起的一切后果。现申报对我单位进行安全生产标准化考评。 法定代表人盖章: (申报单位公章) 年 月 日		
考评主体 受理意见	□项目自评价资料齐全,同意受理。 □项目自评价资料不齐全,不同意受理。 □项目自评价过程不规范,不同意受理。 受理人: (公章) 年 月 日		

近三年所有完工施工项目自评汇总表

序号	工程项目名称	工程地点	考评结果	
			得分	等级

施工企业当前所有在建项目汇总表

序号	工程项目	工程地点	备注

表 6.4-8

考评主体用表

编号：

甘肃省建筑施工企业安全生产
标准化考评结果告知书

_____：

　　依据《甘肃省建筑施工安全生产标准化考评实施细则（暂行）》对你单位_____—_____年建筑施工安全生产标准化情况进行考评，近三年平均得分为_____，考评等级为_____。此阶段你单位法定代表人是_____，主管安全生产的负责人是_____。

　　如对考评结果有异议，请在收到告知书后 5 个工作日内向施工项目所在地住房和城乡建设主管部门申请复核，逾期未提出申请的，视为放弃该权利。

　　不合格理由如下：

考评单位（公章）

年　　月　　日

签收人：　　　　　　　　　　经办人：

　　年　　月　　日　　　　　　　年　　月　　日

　　注：本告知书一式二份，考评主体和申报单位各一份。

甘肃省建筑施工企业安全生产标准化考评结果汇总表　　　　表 6.4-9

填报部门（盖章）：　　　　　　　　　　　　　　　填报日期：　　年　　月　　日

序号	施工企业名称	施工企业注册地	法定代表人	企业安全负责人	安全部门负责人	得分

注：此表用于考评主体向上级住房和城乡建设主管部门逐级备案。每张表仅填报同一个等级的建筑施工企业。

7 安全生产费用

>>>

安全生产费用（以下简称安全费用）是指企业按照规定标准提取，在成本中列支，用于购置施工安全防护用具、落实安全施工措施、改善安全生产条件、加强安全生产管理等所需的费用。

企业分支机构应建立安全生产费用管理制度，按照"企业提取、确保需要、统筹使用、接受监管"的原则进行管理。

7.1 安全生产费用的组成

安全生产费用包括企业安全生产管理费用和工程项目安全生产技术措施费用。

（1）企业安全生产管理费用包括：

1）企业安全生产宣传教育培训费用。

2）安全检测设备购置、更新、维护费用。

3）重大事故隐患的评估、监控、治理费用。

4）应急救援器材、物资、设备投入及维护保养和事故应急救援演练费用（图 7.1-1）。

5）安全评价及检验检测支出。

6）保障安全生产的施工工艺与技术的研发支出。

7）劳动保护费用。

8）安全奖励经费。

图 7.1-1　应急救援演练

企业应确定逐年安全生产管理费用总额，用于以上8项费用开支，并逐年补齐缺额部分。

（2）工程项目安全生产技术措施费用包括：

1）个人安全防护用品、用具费用。主要包括安全帽、安全带、工作服、防护口罩、

48

护目眼镜、耳塞、绝缘鞋、手套、袖套等用品、用具所需费用。

2）临边、洞口安全防护设施费用。临边安全防护设施（楼层临边、阳台临边、楼梯临边、卸料平台临边、基坑周边）的材料、人工费；洞口安全防护设施（电梯口、楼梯口、预留洞口、通道口）的材料、人工费；为安全生产设置的安全通道、围栏、警示绳等材料费。

3）临时用电安全防护费用。邻近高压线隔离防护的材料、人工费；配电柜（箱）及其防护隔离设施、漏电保护器、低压变压器、低压配电线、低压灯泡等设备费用。

4）脚手架安全防护费用。安全网、挡脚板及用于搭设安全防护的钢管、脚手板、扣件等材料、人工费。

5）机械设备安全防护设施费用。中小型机械设备防砸、防雨设施的材料、人工费；机械设备、设施的安全装置维护、保养、更新等费用。

6）消防设施、器材费用。消防水管、消防箱、灭火器、消火栓、消防水带、砂池、消防铲等购置、安装费。

7）对施工现场进行的材料整理、垃圾清扫等工作的人工费。

8）安全教育培训及进行应急救援演练支出。

9）施工现场安全标志、标语及安全操作规程牌等购置、制作及安装费用。

10）安全评优费用。

11）危险性较大的分部分项工程安全专项方案专家论证支出。

12）与安全隐患整改有关的支出。

13）季节性费用。夏季防暑降温药品、饮料等；冬季防滑、防冻措施费用。

14）施工现场急救器材和药品等费用。

15）其他安全专项活动费用。

工程项目安全生产技术措施费用的投入及统计表如图 7.1-2 所示。

工程项目安全生产费用投入表

工程名称：

主要类别	项目	内容	总计划金额(元)
一、完善、改造和维护安全防护设施设备支出(不含“三同时”要求初期投入的安全设施)	1.洞口、临边安全防护设施设备支出	“四口”安全防护设备材料费、人工费	240000
		“五临边”安全防护设施材料费、人工费	240000
		施工安全防护通道搭设所需材料费、人工费	384000
	2.临时用电安全防护设施设备支出	外电线路隔离防护的材料费、人工费	288000
		配电箱(柜)及其防护隔离设施、电缆、电气开关、漏电保护器、防潮灯、应急照明设备、警示照明设备、变压器、低压灯泡、电缆防护卸荷设施等材料费及安装、检测、维护等发生的人工费	192000
	3.脚手架安全防护设施设备支出	水平防护架、垂直防护架、外架封闭等所需的安全网、挡脚板、油漆等设施材料费、人工费	192000
	4.机械设备安全防护设施设备支出	起重机械和施工机具安全防护设施的材料费、人工费	96000
		群塔防碰撞措施费用	240000
	5.高处作业、交叉作业防护设施设备支出	高处作业、交叉作业安全防护设施及安全绳及自锁器、气瓶防护笼、接火盆、火花斗等设施的材料费、人工费	240000
	6.防火设施设备支出	包括灭火器材、消防栓系统(包括消防栓、给水管网、消防水池、消防水箱、加压设备等)以及其他设施如消防砂、锹等设施设备购置费及安装、检测、维护等发生的人工费	192000
	7.防爆设施设备支出	包括防爆电气设备及易燃物品、放射性物品运输、储存、使用时安全监控、防护隔离等支出	0
	8.防雷接地设施设备支出	包括防雷接地所需的镀锌扁钢、镀锌接地极、接闪器、角钢、镀锌圆钢等材料费、人工费	192000
	9.防毒设施设备支出	包括安装、装修、地下工程施工等有毒有害气体检测、监测仪器购置费及安装、维护发生的人工费	240000
	10.防台风设施设备支出	防台风生产、生活房屋加固材料费、人工费	192000
		防台风防护设施建造费	192000
	11.防地质灾害设施设备支出	地形、地质资料搜集整理费用、预警费	0
		地质位移、变形观测仪器购置费及安装、维护发生的人工费	256000
	12.防尘设施设备支出	包括施工现场操作场地和道路硬化、现场绿化、防尘洒水、土石方和建筑垃圾外运车辆冲洗、易飞扬建筑材料密封存放或覆盖措施等费用	256000

工程项目安全生产技术措施费用投入统计表

序号	安全生产费用统计项目	全年计划额	已经投入额	备注
一、项目层面投放安全生产技术措施费用(2011年1月1日～6月30日)				
1	个人安全防护用品、用具			
2	临边、洞口安全防护设施			
3	临时用电安全防护			
4	脚手架安全防护			
5	机械设备安全防护设施			
6	消防设施、器材			
7	施工现场文明施工措施费			
8	安全教育培训费用			
9	安全标志、标语等标牌费用			
10	安全评优费用			
11	安全专项方案专家论证费用			
12	与安全隐患整改有关的支出			
13	季节性安全费用			
14	施工现场急救器材及药品			
15	其他安全专项活动费用			
	小计(一)			
二、企业层面投放的安全生产管理费用(2011年1月1日～6月30日)				
16	安全生产宣传教育费用			
17	安全检测设备购置、更新维护费用			
18	重大事故隐患的评估、监控、治理费用			
19	事故应急救援器材、物资、设备投入及维护保养和事故应急救援演练费用			
20	安全保证体系、安全评价及检验检测支出			
21	保障安全生产的施工工艺与技术的研发支出			
22	劳动保护经费			
23	安全奖励经费			
	小计(二)			
	合计(三)=(一)+(二)			

图 7.1-2　工程项目安全生产技术措施费用的投入及统计表

7.2 安全生产费用的使用和管理

（1）项目管理部应根据本单位实际情况、根据施工项目特点编制分公司年度安全生产费用投入计划，安全生产费用投入计划应以《企业安全生产费用提取和使用管理办法》为依据，满足本企业安全生产要求。

（2）工程项目在开工前应按照项目施工组织设计或专项安全技术方案编制安全生产费用的投入计划，安全生产费用的投入应满足本项目的安全生产需要。

（3）安全生产费用应当优先用于满足安全生产隐患整改支出或达到安全生产标准所需支出。

（4）工程项目按照安全生产费用的投入计划进行相应的物资采购和实物调拨，并建立项目安全用品采购和实物调拨台账。

（5）安全生产费用专款专用。安全生产费用计划不能满足安全生产实际投入需要的部分，据实计入生产成本。

（6）利用安全生产费用形成的资产，应当纳入相关资产进行管理。

（7）为职工提供的职业病防治、工伤保险、医疗保险费用以及为高危人群办理的团体意外伤害保险或个人意外伤害保险所需保险费直接列入成本，不在安全生产费用中列支。

7.3 安全生产费用的核算

（1）各企业依照规定提取的安全生产费用，应计入相关产品的成本或当期损益，同时计入"专项储备"科目。

（2）各企业使用提取安全生产费用时，属于费用性支出的，直接冲减专项储备；形成固定资产的，应通过"在建工程"科目归集所发生的支出，待项目完工达到预定可使用状态时确认为固定资产，同时，按照形成固定资产的成本冲减专项储备，并确认相同金额的累计折旧，该固定资产在以后期间不再计提折旧。

（3）"专项储备"科目期末余额在资产负债表所有者权益项下"专项储备"项目反映。

7.4 安全生产费用的监督检查

（1）各级企业进行安全生产检查、评审和考核时，应把安全生产费用的投入和管理作为一项必查内容，检查安全生产费用投入计划、安全生产费用投入额度、安全用品实物台账和施工现场安全设施投入情况，不符合规定的应立即纠正。

（2）各企业应定期对项目经理部安全生产投入的执行情况进行监督检查，及时纠正由于安全投入不足，致使施工现场存在安全隐患的问题。

（3）施工项目对分包安全生产费用的投入必须进行认真检查，防止并纠正不按照安全生产技术措施的标准和数量进行安全投入、现场安全设施不到位及作业员工个人防护不达标的现象。

8 项目安全管理行为标准化

>>>>

8.1 项目安全生产责任体系

（1）组织机构建立。项目部应成立包括总承包单位项目经理、班子成员、各部门负责人，专职安全生产管理人员，以及分包单位现场负责人组成的安全生产领导小组，定期召开安全生产领导小组会议，研究解决项目安全问题。

（2）按照《建筑施工企业安全生产管理机构设置及专职安全生产管理人员配备办法》，总包单位与分包单位配备充足专职安全生产管理人员，配备标准如表 8.1-1、表 8.1-2 所示。

总包单位项目专职安全生产管理人员配备标准 表 8.1-1

工程类别	配备范围	配备标准
建筑工程、装修工程 按建筑面积配备	1 万 m² 以下	不少于 1 人
	1 万~5 万 m²	不少于 2 人
	5 万 m² 以上	不少于 3 人，且按专业配备 专职安全生产管理人员
土木工程、线路工程、设备 安装工程按合同价配备	5000 万元以下	不少于 1 人
	5000 万~1 亿元	不少于 2 人
	1 亿元以上	不少于 3 人，且按专业配备 专职安全生产管理人员

分包单位项目专职安全生产管理人员配备标准 表 8.1-2

分包类别	配备范围	配备标准
专业承包单位	/	至少 1 人，并根据所承担的分部分项工程的工程量和施工危险程度增加
劳务分包单位	施工人员在 50 人以下	1 人
	施工人员在 50~200 人	2 人
	施工人员在 200 人以上	配备 3 人，并根据所承担的分部分项工程的工程量和施工危险程度增加，不得少于工程施工人员的 5‰

（3）项目安全负责人同酬于项目技术负责人。

（4）公司加强安全生产监管队伍建设，提高人员素质，鼓励和支持安全监管工作。安全生产监管部应逐步达到以注册安全工程师为主体。

8.2 项目安全生产管理方案

（1）作业前由项目经理组织相关人员编制安全生产管理方案，单独编制成册，由公司安全生产监管部组织相关部门评审，安全总监审核，主管生产领导批准后实施。

（2）安全生产管理方案应包括：

1）安全生产目标、指标。包括（但不局限于）：事故控制目标（杜绝因工死亡事故，轻、重伤应有控制指标）；安全文明施工达标、创优目标；社会、业主、员工、相关方的重大投诉控制目标，辨识与施工内容相关的法律法规、技术规范。

2）安全生产组织体系。包括项目安全生产领导小组的组成人员、安全生产管理部门设置情况、专职安全生产管理人员的配备计划以及分包单位安全生产管理人员的配备计划等。分包单位安全生产管理人员应纳入总承包单位统一管理。

3）危险源辨识与风险评估。由项目技术负责人组织，对项目施工现场、办公、生活等场所的危险源进行辨识、风险评价。危险源应先进行识别，通过评价分级后形成重大危险源清单，汇总后编制重大危险源识别汇总表，制定重大危险源控制措施。

4）安全生产技术保证措施计划。根据危险源评估、作业条件、施工环境以及计划等，制订安全生产技术措施方案的编制计划。

5）安全生产教育培训计划。针对管理人员、入场作业人员编制安全生产教育培训计划。包括培训内容、培训方式、培训时间以及培训讲师等。

6）安全生产费用投入计划。编制项目部按月投入的安全生产费用计划表。

7）安全生产活动计划。编制项目部安全检查工作计划、开展"安全生产月活动"计划、开展行为安全之星计划等。

8）安全生产应急管理计划。制订安全生产应急预案编制计划，应急演练计划等。

8.3 项目安全教育培训

8.3.1 一般规定

（1）项目部应建立健全安全教育培训制度，每年年初制订项目年度安全教育培训计划，明确教育培训的类型、对象、时间和内容。

（2）项目负责人（B证）、专职安全生产管理人员（C证），按规定参加企业注册地所在政府相关部门组织的安全教育培训，取得相应的安全生产资格证书，并在三年有效期内完成相应学时的继续教育培训。

（3）项目部应确保用于开展安全教育培训和安全活动的有关费用支出，并建立相应台账。做好安全教育培训记录，建立安全教育培训档案，对培训效果进行评估和改进。

（4）项目部对作业人员的培训除采用传统的授课式培训外，鼓励采用安全体验馆仿真模拟培训、VR体验式培训、多媒体培训等方式。

8.3.2 入场三级安全教育

（1）新进场的工人，必须接受公司、项目、班组的三级安全教育培训，经考核合格后，方可上岗。

（2）公司安全教育培训的主要内容：从业人员安全生产权利和义务；本单位安全生产情况及规章制度；安全生产基本知识；有关事故案例等。

（3）项目安全教育培训的主要内容：作业环境及危险因素；可能遭受的职业伤害和伤亡事故；岗位安全职责、操作技能及强制性标准；安全设备设施的使用、劳动纪律及安全注意事项；自救、互救、急救方法、疏散和现场紧急情况的处理等。

（4）班组安全教育培训的主要内容：本班组生产工作概况，性质及范围；本工种的安全操作规程；容易发生事故的部位及劳动防护用品的使用要求；班组安全生产基本要求；岗位衔接配合的安全注意事项。

（5）工人转岗、变化工种时应进行相应的安全教育培训。

（6）项目部宜在现场或办公生活区空旷位置设置安全教育讲评台，用于作业人员安全教育，如图8.3-1所示。按照培训要求，落实日常安全教育培训活动，并监督作业人员开展班前安全活动，如图8.3-2所示。

图8.3-1　安全教育讲评台　　　　　　图8.3-2　作业班组安全教育培训

8.3.3 日常安全教育

（1）项目应结合季节性特点、施工要求进行日常安全教育，每月不少于一次。

（2）项目应督促各作业班组每天上岗作业前开展班前安全教育。

8.3.4 特种作业人员安全教育培训

（1）特种作业人员必须接受专门的安全作业培训，取得相应操作资格证书后，方可上岗，除接受岗前安全教育培训，每年还须进行有针对性的安全教育培训，时间不得少于2学时。

（2）采用新工艺、新技术、新材料或者使用新设备，必须对相关生产、作业人员进行专项安全教育培训。

8.3.5 管理人员的培训

（1）管理人员应每年至少接受一次安全教育培训。每年接受安全教育培训的时间见表8.3-1。

（2）发生人员死亡生产安全事故时，项目主要管理人员应当重新参加培训。

（3）从业人员在本项目部调整工作岗位或离岗一年以上重新上岗时，应当接受项目安全教育培训。

（4）生产经营单位实施新工艺、新技术或者使用新设备、新材料时，应对有关从业人员重新进行有针对性的安全教育培训。

项目管理人员每年安全教育培训时间   表8.3-1

序号	人员类别	初次培训时间	再培训时间
1	主要负责人	≥32学时	每年≥12学时
2	专职安全生产管理人员	≥32学时	每年≥12学时
3	其他从业人员	≥24学时	根据相关规定要求，重新组织培训

8.4 项目安全活动

（1）项目经理应每周组织一次项目周安全例会，沟通处理项目隐患整改工作。

（2）项目部每年按公司部署开展安全活动，重点进行安全宣传、教育培训、监督检查、专项治理、应急演练等活动。利用会议、网络、简报等多种形式开展安全宣传。

（3）在项目安全活动中对个人防护用品的配备及使用进行讲解。所有管理人员及施工作业人员进入施工现场前，均需配备符合国家或行业标准要求的个人劳动防护用品，提倡按下列要求正确佩戴使用：

1）安全帽根据岗位、专业不同选配，帽壳保持清洁，帽衬、帽箍、系带等配件齐全完好。安全帽进场应组织验收，验收依据现行国家标准《头部防护 安全帽》GB 2811。

2）检查永久标识和产品说明是否符合规定：包括永久标识、制造厂名、生产日期、产品名称、产品的特殊技术性能。

3）按照规定对批量采购的安全帽送样本到有资质的第三方检测公司进行检验。

4）安全帽参照图8.4-1～图8.4-3标准进行佩戴标识（颜色分为红、白、黄、蓝四色，红色为来访嘉宾和安全员安全帽，白色为项目管理人员和分包管理人员安全帽，黄色为施工人员安全帽，蓝色为特种作业人员安全帽）。

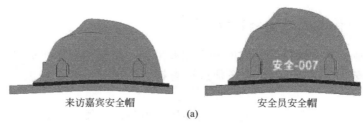

来访嘉宾安全帽   安全员安全帽

(a)

图8.4-1 安全帽的类型（一）

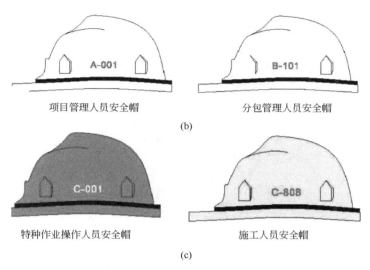

项目管理人员安全帽   分包管理人员安全帽

(b)

特种作业操作人员安全帽   施工人员安全帽

(c)

图 8.4-1　安全帽的类型（二）

5）帽前端贴企业标志，两侧注明编号。

A代表项目部管理人员。B代表分包管理人员。C代表施工人员。

图 8.4-2　安全帽保持清洁，帽衬、
帽箍、帽系带等配件齐全完好

图 8.4-3　安全防护用品佩戴示意

（4）安全带的佩戴。进入临边、洞口及高处区域，应挂靠在牢靠的部位，并遵从"高挂低用"的原则（图 8.4-4）。

1）进场验收应符合现行国家标准《安全带》GB 6095 的要求，并有产品合格证及检验报告。

2）施工现场安全带分为速差式安全带和背带式双大钩安全带。

3）每日作业前对安全带进行检查，不应有打结、私自接长等情况，达到报废标准时应及时报废。

4）正确佩戴安全带，保证双大钩至少有一根挂靠在安全绳或其他牢固物件上。

5）存放在干燥、通风的部位，避免高温、强酸碱环境。

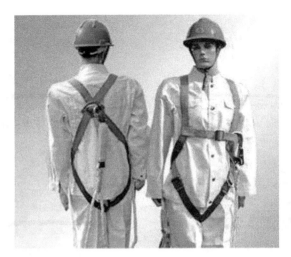

图 8.4-4　安全带应遵从高挂低用的原则

（5）使用反光背心。进入施工现场穿戴反光背心，普通管理人员穿戴绿色反光背心，安全管理人员穿戴红色反光背心，普通作业人员穿戴橘红色反光背心，特种作业人员穿戴黄绿色反光背心。

（6）工作服保持整洁，袖口及裤腿应扎紧，劳保鞋同时具备绝缘、防滑、防砸功能。

（7）个人劳动防护用品应保存在干燥、通风的位置，远离热源。

（8）每日班前应对个人劳动防护用品进行检查，确保完整后开始作业。

（9）个人劳动防护用品达到报废标准时，应及时报废并予以重新发放并做好登记。

8.5　危险作业管理

（1）项目应对动火作业、吊装作业、土方开挖作业、管沟作业、有限空间作业等危险性较大的作业活动进行识别，编制危险作业控制计划。

（2）项目应实行危险作业许可制度，由责任施工员申请，安全负责人批准后方可实施，项目安全监管部应对危险作业活动进行监控。

（3）项目进行危险作业施工时，应严格按照施工企业危险作业相关规定实施、验收及监督工作。

8.6　项目安全检查

（1）周安全检查：周安全检查由项目经理牵头，安全部门组织，相关部门及分包单位负责人、项目专职安全管理人员参加，依据《建筑施工安全检查标准》JGJ 59—2011 进行，检查范围覆盖施工、办公及生活区。应留存书面安全检查记录，对存在安全生产隐患的下达安全隐患整改通知书，存在重大安全生产隐患的下达停工整改令。

（2）日常安全巡查：项目专职安全管理人员每日对施工现场进行安全监督检查，施工作业班组专兼职安全管理人员负责每日对本班组作业场所进行安全监督检查，应填写安全员工作日志。

（3）其他安全检查：项目根据上级单位要求及项目实际情况，开展各类安全专项检查、季节性安全检查及节假日安全检查。

（4）安全隐患整改：

1）项目部应建立隐患排查治理、报告和整改销项实施办法，完善有效控制和消除隐患的长效机制。

2）安全负责人应按"五定"原则（定责任人、定时限、定资金、定措施、定预案）落实隐患整改。暂时不能整改的问题，除采取防范措施外，应纳入计划，落实整改。

3）安全负责人应派专人对整改情况进行复查，并签字确认，或通过安全检查信息系统移动端进行确认。

4）被上级单位挂牌的重大安全隐患，项目部应制定切实可行的整改方案，并将整改完成情况报公司安全监管部。

5）针对重大安全隐患或重复隐患，应对整改不力的责任人进行教育并处罚。

6）项目组织周安全检查、日常安全巡查后，应通过安全检查信息系统下发隐患整改，项目经理签发，并分派到具体责任人，按要求完成整改。

8.7 项目领导带班生产

（1）项目经理是工程项目安全生产的第一责任人，对工程项目落实带班制度负责，组织协调工程项目的安全生产活动。

（2）项目经理带班生产主要活动：根据施工计划，对重点部位、关键环节进行检查巡视，及时发现、消除事故隐患和险情。如发生突发事件或事故，立即启动应急预案，展开应急抢险及救援工作，并及时向上级有关部门报告。

（3）项目经理带班生产的内容、职责：

1）项目负责人在施工现场组织协调工程项目的安全生产活动，掌握项目安全生产状况，检查项目各级岗位安全职责的落实情况，特别是关键岗位安全生产责任的落实。

2）对正在施工的重点部位和关键环节进行检查。工程项目进行超过一定规模危险性较大的分部分项工程施工时，项目负责人应在施工现场组织带班生产。

3）对项目出现的安全问题，及时组织人员解决，制止现场任何物的不安全因素和人的不安全行为的发生。

4）工程项目发现的重大隐患或出现的险情，项目经理应在施工现场组织施救，及时消除险情和隐患。

5）项目带班负责人应做好交接班记录，把当天的安全工作遗留问题，负责向一下班的带班负责人交代清楚。

（4）带班工作要求：

1）项目部应制订项目负责人带班生产计划，明确带班人员、时间、内容。

2）项目经理每月带班生产时间不得少于本月施工时间的80%。因其他事务需离开施工现场时，应向工程项目的建设单位请假，经批准后方可离开。离开期间应委托项目相关负责人代为执行。

3）应在施工现场一处或多处醒目位置设置标牌，标牌中注明当日带班的负责人姓名、电话、办公室位置以及上一级的举报电话。

4）项目经理应认真做好带班生产记录并签字存档备查。

5）项目经理在同一时期只能承担一个工程项目的管理工作。

8.8 项目安全验收

（1）项目部必须认真执行施工现场的安全验收制度，各类安全防护用具、架体、设施和设备进入施工现场或投入使用前必须经过验收后方可投入使用。

（2）项目自有、租赁、分包企业自带以及现场实施的安全防护用具、设施和设备必须严格执行验收制度。

（3）经专家论证的超过一定规模的危险性较大的分部分项工程完成后，由项目部组织进行验收，公司安全生产监管部参与验收。

（4）验收范围包括：

1）安全防护用具：钢管、扣件、脚手板、安全网、安全带、漏电保护器、电缆、配电箱以及其他个人防护用品。

2）各类脚手架：落地式脚手架、悬挑脚手架、满堂红脚手架、爬架、井架、大模板插放架、马道及其他危险性较大的脚手架。

3）各类临边、孔洞、安全防护棚、安全网等防护设施。

4）现场临时用电工程。

5）塔式起重机、施工升降机、龙门架和其他机械设备。

6）现场的各类消防器材。

7）防水、防毒作业的材料。

8）上级安全管理部门要求需要验收的其他用具、设施。

9）施工现场使用的各种特种劳动防护用品在验收时应备案合格检测报告及出厂合格证等。

（5）项目安全验收程序如表 8.8-1 所示。

项目安全验收程序 表 8.8-1

安全验收种类	项目验收	公司验收
一般防护设施,各类临边、孔洞、安全防护棚、马道、安全网等	项目安全负责人组织验收,项目安全人员和分包相关人员参加验收	—
中小型机械	项目安全负责人组织,项目安全管理人员、分包单位参加验收	—
24m 以上落地式脚手架、悬挑脚手架、满堂红脚手架、吊篮、爬架、卸料平台、物料提升机、基坑等	项目经理组织验收,方案编制人、项目技术负责人、项目安全负责人及搭设班组参加验收	公司安全生产监管部派员参加
临时用电工程	项目经理组织验收,技术部门、安全部门、施工班组参加验收	公司安全生产监管部派员参加
现场大型机械设备、施工升降机	安拆单位负责组织验收,项目经理、技术负责人、安全员参加	公司安全生产监管部派员参加
劳动防护用品、消防器材	项目经理组织,安全员参加	公司安全生产监管部抽查

（6）各类验收应填写验收记录，验收的各方签字确认后交项目部存档，如表 8.8-2 所示。

落地式（或悬挑）脚手架搭设验收   表 8.8-2

落地式(或悬挑)脚手架搭设验收表		AQ-C5-2		编号	
工程名称			总包单位		
作业队伍			负责人		
验收部位			搭设高度		
验收时间					
序号	检查项目	检查内容			验收结果
1	施工方案	符合《建筑施工扣件式钢管脚手架安全技术规范》JGJ 130—2011 规范要求			
		落地式大模板架搭设前必须编制安全专项施工方案,附设计计算书,审批手续齐全。搭设前需有技术交底。特殊脚手架应有专家论证			
2	立杆基础	脚手架基础必须平整坚实,有排水措施,架体必须支搭在底座(托)或通长脚手板上。纵、横向扫地杆符合要求			
3	钢管、扣件要求	钢管、扣件有复试检测报告。应采用外径 48～51mm,壁厚 3～3.5mm 的钢管			
		钢管无裂纹、弯曲、压扁、锈蚀			
4	架体与建筑结构拉结	脚手架必须按楼层与结构拉结牢固,拉结点垂直、水平距离符合要求,拉结必须使用刚性材料。20m 以上的高大脚手架须有卸荷措施			
5	剪刀撑设置	脚手架必须设置连续剪刀撑,宽度及角度符合要求。搭接方式应符合规范要求			
6	立杆、大横杆、小横杆的设置要求	立杆间距应符合要求;立杆对接必须符合要求			
		大横杆宜设置在立杆内侧,其间距及固定方式应符合要求;对接须符合有关规定			
		小横杆的间距、固定方式、搭接方式等应符合要求			
7	脚手板及密目网的设置	操作面脚手板铺设必须符合规范要求。操作面护身栏杆和挡脚板的设置符合要求。操作面下方净空超 3m 时须设一道水平网。架体须沿内侧进行封闭,并固定牢固			
8	悬挑设置情况	悬挑梁设置应符合设计要求;外挑杆件与建筑结构连接牢固;悬挑梁无变形;立杆底部应固定牢固			
9	其他	卸料平台、泵管、缆风绳等不能固定在脚手架上;脚手架与外电架空线之间的距离应符合规范要求,特殊情况须采取防护措施;马道搭设及门洞口搭设符合要求			
10	其他验收项目				
11	验收结论:				
验收签名	项目技术负责人		搭设班组负责人		其他验收人员
监理单位意见: 监理工程师(签字): 年 月 日					

59

8.9　项目安全技术交底

专项施工方案实施前，编制人员或者项目技术负责人应当向施工现场管理人员进行方案交底。施工现场管理人员应向作业人员进行安全技术交底，专职安全生产管理人员负责对交底活动进行监督。要求如下：

（1）安全技术交底应分级进行，并按工种分部分项交底，逐级交到施工作业班组的全体作业人员，填写安全技术交底表。施工条件（包括外部环境、作业流程、工艺等）发生变化时，应重新进行交底。

（2）安全技术交底必须在工序施工前进行。危险性较大的分部分项工程应由项目技术负责人向管理人员、作业人员直接交底。

（3）安全技术交底应及时组织，内容应具有针对性、指导性和可操作性，交底双方应书面签字确认，并各持安全技术交底记录。

8.10　现场安全管理

（1）根据《建筑施工安全检查标准》JGJ 59—2011 相关要求，在施工现场的进出口处设置工程概况牌、管理人员名单及监督电话牌、消防保卫牌、安全生产牌、文明施工牌及施工现场总平面图等公示标牌（图 8.10-1）。

图 8.10-1　施工现场门口悬挂公示标牌

（2）警示标志。项目部应当在施工现场显著位置公告危险性较大的分部分项工程名称、施工时间和具体责任人员，并在危险区域设置安全警示标志。要求如下：

1）项目进场时，依据项目危险源辨识及风险评价结果，在施工现场主通道部位设置施工现场重大危险源公示牌（图8.10-2）。

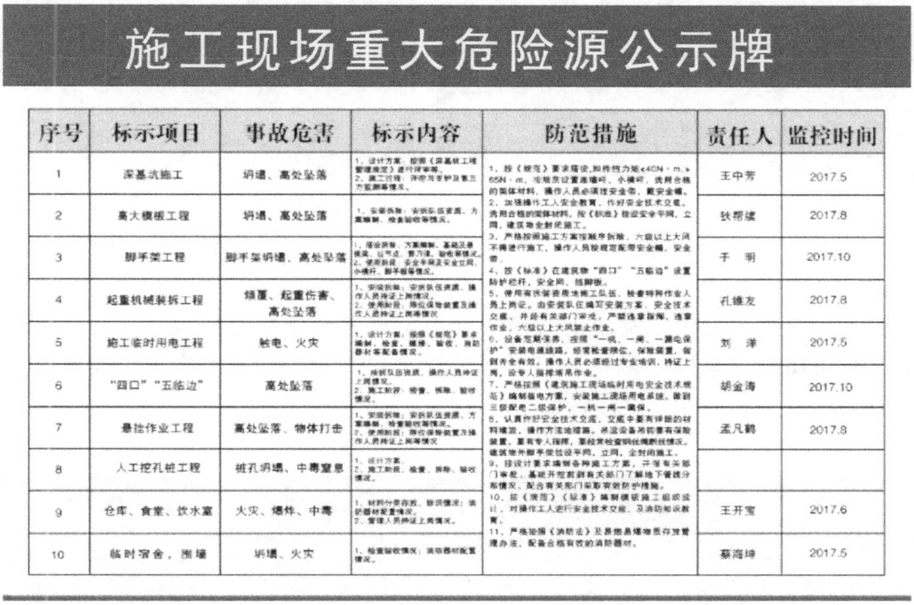

施工现场重大危险源公示牌

序号	标示项目	事故危害	标示内容	防范措施	责任人	监控时间
1	深基坑施工	坍塌、高处坠落			王中芳	2017.5
2	高大模板工程	坍塌、高处坠落			狄帮建	2017.8
3	脚手架工程	脚手架坍塌、高处坠落			于明	2017.10
4	起重机械装拆工程	倾翻、起重伤害、高处坠落			孔维友	2017.8
5	施工临时用电工程	触电、火灾			刘洋	2017.5
6	"四口""五临边"	高处坠落			胡金海	2017.10
7	悬挂作业工程	高处坠落、物体打击			孟凡鹤	2017.8
8	人工挖孔桩工程	桩孔坍塌、中毒窒息				
9	仓库、食堂、饮水室	火灾、爆炸、中毒			王开宝	2017.6
10	临时宿舍、围墙	坍塌、火灾			蔡海坤	2017.5

图8.10-2 施工现场重大危险源公示牌

2）项目施工阶段，项目安全负责人应定期对现场危险源进行再识别，并在设置的危险源公示牌上及时更新。

3）施工现场危险性较大的分部分项工程实施时，在施工区域通道口或醒目位置张挂危险性较大的分部分项工程验收标识牌。

（3）现场监督。项目部对危险性较大的分部分项工程施工作业人员进行登记，项目经理现场履职。项目专职安全生产管理人员应当对专项施工方案实施情况进行现场监督，对未按照专项施工方案施工的，应当要求立即整改，并及时报告项目经理进行整改。

（4）组织验收。对于按照规定需要验收的危险性较大的分部分项工程，施工单位、监理单位应当组织相关人员进行验收。验收合格的，经施工单位项目技术负责人及总监理工程师签字确认后，方可进入下一道工序。危险性较大的分部分项工程验收合格后，施工单位应当在施工现场明显位置设置验收标识牌，公示验收时间及责任人员（图8.10-3、图8.10-4）。

（5）险情处置。危险性较大的分部分项工程发生险情或者事故时，施工单位应当立即采取应急处置措施，并报告工程所在地住房和城乡建设主管部门。

（6）档案管理。施工单位应当将专项施工方案及审核、专家论证、交底、现场检查、验收及整改等相关资料纳入档案管理。

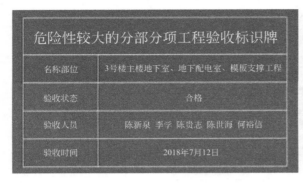
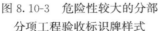

危险性较大的分部分项工程验收标识牌	
名称部位	3号楼主楼地下室、地下配电室、模板支撑工程
验收状态	合格
验收人员	陈新泉 李学 陈贵志 陈世海 何裕信
验收时间	2018年7月12日

图 8.10-3　危险性较大的分部
分项工程验收标识牌样式

图 8.10-4　对危险性较大的分部分项
工程进行施工监测和安全巡视

（7）项目应按照《关于印发起重机械、基坑工程等五项危险性较大的分部分项工程施工安全要点的通知》（建安办函〔2017〕12 号）要求，制作标牌悬挂在施工现场明显位置，并贯彻执行，如图 8.10-5 所示。

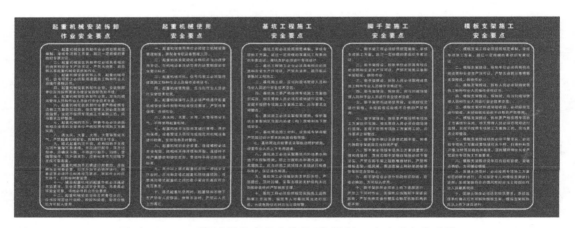

图 8.10-5　五项危险性较大的分部分项工程施工安全要点公示牌

8.11　项目应急预案编制、演练

8.11.1　应急预案编制

（1）项目部成立编制工作小组，编制生产安全事故应急预案，经施工单位技术负责人审批后实施。应分别编制综合应急预案、专项应急预案和现场处置方案，应急预案的编制应符合《生产安全事故应急预案管理办法》（应急管理部令第 2 号）要求。

（2）应急预案应明确下列内容：

1）明确应急响应级别，明确各级应急预案启动的条件。

2）明确不同层级、不同岗位人员的应急处置职责、应急处置方案和注意事项。

3）现场处置方案应编制岗位应急处置卡，明确紧急状态下岗位人员"做什么""怎么做"和"谁来做"，如图 8.11-1 所示。

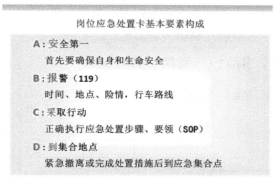

图 8.11-1　施工现场岗位应急处置卡要素构成

8.11.2　应急准备

（1）项目应组建应急救援小组，配备专职或兼职应急管理人员，设立应急救援物资储备库，备齐必需的应急救援物资、器材。

（2）项目应编制应急救援信息台账，包含应急管理人员姓名、救援医院和派出所名称及联系方式，在施工现场设置公示牌。

8.11.3　应急演练

（1）项目部编制应急演练计划，组织项目所有部门及分包负责人、作业班组长及安全员参与演练活动，如图 8.11-2 所示。

图 8.11-2　施工现场应急救援小组组织演练

（2）应急演练结束后，应对演练情况进行分析、评估，找出存在的问题，提出相应的改进建议，修改完善应急预案。

（3）建立预案演练档案，档案至少包含演练内容、存在问题和整改完成情况。

8.11.4 应急响应

（1）事故发生后，现场人员要第一时间报告项目负责人。

（2）项目负责人接到报告后，立即启动应急预案，组织现场自救，排除险情，设置警戒，保护事故现场，因抢救人员、防止事故扩大以及疏通交通等原因需要移动事故现场物件的，做出标志，绘制现场简图并做出书面记录。

8.11.5 生产安全事故应急救援流程

生产安全事故应急救援流程图如图 8.11-3 所示。

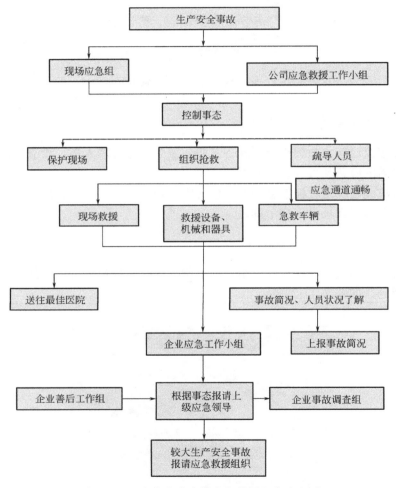

图 8.11-3　生产安全事故应急救援程序流程图

8.12 项目安全生产管理流程

项目安全生产管理流程图如图 8.12-1 所示。

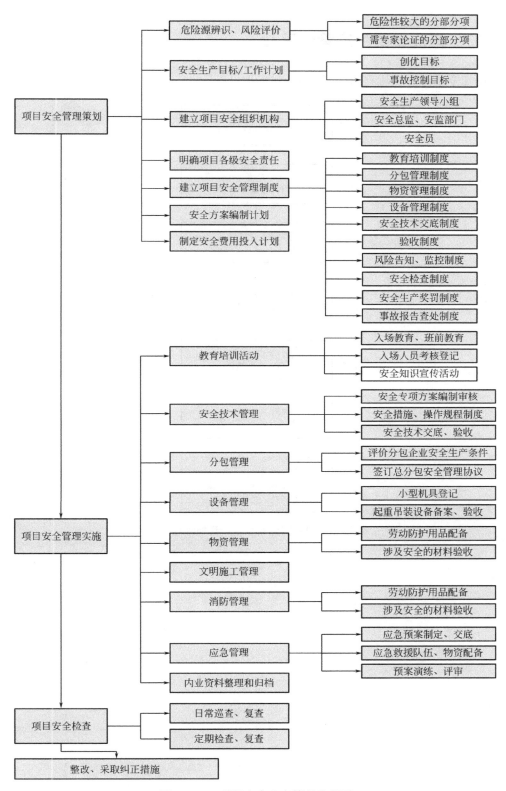

图 8.12-1 项目安全生产管理流程图

8.13 岗位安全生产管理流程

岗位安全生产管理流程图如图 8.13-1 所示。

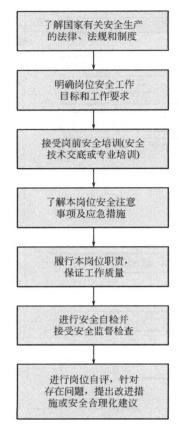

图 8.13-1 岗位安全生产管理流程图

9 项目考核与验证

▶▶▶

建立健全以项目经理为第一责任人的项目安全生产管理体系，依法履行安全生产职责，实施项目安全生产标准化工作。

9.1 项目安全生产标准化职责

（1）项目部对项目安全生产标准化工作负总责。并组织分包单位开展项目安全生产标准化工作。分包单位应做好承包范围内的安全生产工作，并结合自身分包的工作内容进行自评，自评资料报项目部，不再单独申请项目考评。

（2）建设单位将专业工程平行发包的，建设单位对平行发包部分的安全生产标准化工作负责，参照项目部的方式组织分包单位开展项目安全生产标准化自评工作。

（3）项目部应当在公司的指导下成立项目安全生产标准化自评机构，自项目开工起，每月依据《甘肃省建筑施工安全生产标准化考评实施细则（暂行）》等开展一次安全生产标准化自评工作并如实填写《建筑施工项目安全生产标准化月自评表》。

（4）项目经理部在基础、主体、装饰等重要阶段不少于一次评价，如实填写《建筑施工项目安全生产标准化阶段评价表》。

（5）建设、监理单位应对施工项目安全生产标准化工作进行监督检查，对项目月自评材料和重要阶段评价资料进行审核并签署意见。

9.2 公司安全生产监管部考评

（1）对施工项目实施日常安全监督时，督促项目开展自评工作，并同步进行项目考评相关工作，认真审核项目月自评材料和重要阶段评价资料，随时收集、整理、保管有关资料，作为最终考评依据。

（2）项目部在项目完工后，办理竣工验收前，向公司安全生产监管部提交《甘肃省建筑安全生产标准化施工项目考评申报表》和项目施工期间受到住房和城乡建设主管部门奖惩情况（包括住房和城乡建设部门组织观摩、通报表扬、表彰奖励、限期整改、局部或全面停工整改、通报批评、行政处罚等）、安全责任事故情况等有关附件材料。

（3）公司安全生产监管部收到申报材料后，经审核符合要求的，以项目自评为基础，结合日常监管情况对项目安全生产标准化工作进行评定，在 10 个工作日内向项目部发放《甘肃省建筑施工项目安全生产标准化考评结果告知书》。

9.3 评定结果及奖罚

1. 评定结果

项目安全生产标准化评定结果分为"优良""合格"及"不合格"三个等级。依据《建筑施工安全检查标准》JGJ 59—2011 评分和奖惩加减分。项目竣工时最终综合得分 85 分以上，标准化考评为优良；70～85 分，标准化考评为合格；70 分以下，标准化考评为不合格。

施工期间项目有下列情形之一的，安全生产标准化考评直接确定为不合格：

（1）有 2 次及以上未每月开展项目自评工作的；

（2）在建项目在基础、主体、装饰等重要阶段未进行安全生产标准化评价的；

（3）发生一般及以上生产安全责任事故的；

（4）因项目存在安全隐患在一年内受到住房和城乡建设主管部门或安全监督机构 2 次及以上停工整改或 4 次及以上隐患整改通知的；

（5）由于生产安全问题受到行政处罚的；

（6）由于生产安全问题受到省、市级 2 次，县级 3 次通报批评的；

（7）提供的相关材料存在弄虚作假的。

2. 考评的奖罚

（1）考核年度内评价结果为优良，公司从安全生产经费内向项目经理列支奖励；

（2）评价结果为合格，奖励项目经理；

（3）评价结果为不合格，对项目经理罚款；列充公司安全生产经费。

10 安全管理资料及其范例

安全管理资料应以《建筑工程施工现场安全资料管理标准》DB62/T 3195—2020 相关要求进行整理，展开收集和编写工作。除此之外，还要按施工顺序编写和留存下列安全管理资料。

10.1 危险性较大的分部分项工程资料

10.1.1 危险性较大的分部分项工程清单及相应的安全管理措施范例

危险性较大的分部分项工程清单和安全管理措施

一、工程概况

1. 工程项目名称：××××住宅小区

2. 工程类型：新建

3. 工程项目地点：本工程位于兰州市××××以东、××××以南、××××以北、××××以西，××××规划路西。

4. 建设单位名称：甘肃××××房地产开发有限公司

5. 设计单位名称：甘肃××××设计有限公司

6. 监理单位名称：甘肃××××监理有限公司

7. 施工单位名称：甘肃××××建工集团

8. 本工程为集商业、高品质住宅与地下车库为一体的高层建筑住宅小区。

本一标段由地下车库（框架结构、地下 1 层）将 1 号住宅楼（剪力墙结构，2 个单元，地上 34 层，地下 2 层），2 号住宅楼（剪力墙结构，1 个单元，地上 34 层，地下 2 层），4 号住宅楼（剪力墙结构，1 个单元，地上 34 层，地下 2 层），S3、S4、S5 沿街商业为框架结构，地上 2 层（其中 S6 为地上 3 层）连成一片组成。总建筑面积 156066.06m²。

地基基础的设计等级为甲级，结构设计使用年限 50 年。

二、编制说明

对危险性较大的分部分项工程，编制有针对性的专项施工方案，编制、审核、审批程序符合规定，根据方案落实安全技术交底，配备专职安全员监督检查落实情况。

1. 安全技术措施：通过安全设施、设备、安全装置、安全检测和监测、安全操作程序、防护用品等技术硬件的投入，实现技术系统措施的安全同质化。

2. 安全教育培训措施：对全员进行安全教育培训，提高全员安全素质，包括：意识、知识、技能、态度、观念等安全综合素质。执行安全技术交底，监督、检查、整改隐患等管理方法，保障技术条件和环境达标，人的行为规范，实现安全生产的目的。

3. 安全管理措施：通过监督检查等管理方式，保障技术条件和环境达标，以及人员的行为规范和安全生产的目的。

根据本工程的特点及国家对危险性较大的分部分项工程的界定，暂编制本项目危险性较大的分部分项工程清单和安全管理措施，随工程材料及施工工艺的不断推陈出新，危险性较大的分部分项工程清单和安全管理措施将不断填充新的工作内容。

具体内容见表 10.1-1。

危险性较大的分部分项工程清单和安全管理措施　　　　表 10.1-1

序号	分部分项名称	危险有害因素类别	目标	安全管理方案	责任人	完成时间
1	土方开挖工程	坍塌、高处坠落、机械伤害	确保无人员伤亡、无坍塌事故	1. 编制土方开挖专项施工方案，并经公司技术负责人审核同意。 2. 做好对施工人员的安全教育及安全技术交底。 3. 按要求做好临边防护及隔离措施。 4. 按要求设置人员上下通道。 5. 基坑边不得堆载过重、过近。 6. 定期对支护、边坡变形进行监测，做好记录，施工完后及时回填。 7. 加强设备管理，挖掘机等机具距坑边距离应经计算确定，司机持证上岗，铲斗回转半径内禁止人员作业。 8. 经建设单位确认，了解地下部分已埋管道或电缆部位	项目经理、项目技术负责人、项目安全负责人	基础完成
2	模板工程	物体打击、支模架坍塌、高处坠落	确保无人员伤亡、无支护坍塌事故	1. 编制搭、拆专项方案，并经公司技术负责人审批同意。 2. 搭、拆前必须对作业人员进行安全教育及安全技术交底。 3. 搭、拆人员须穿戴好个人防护用品（如安全带、安全帽、工作鞋等）。 4. 搭、拆期间设置警戒区域，有专职安全生产管理人员现场监督。 5. 搭设完成后，必须进行验收，确保合格后方准使用	项目经理、项目技术负责人、项目安全负责人	基础、主体完成
3	钢筋工程	物体打击、高处坠落	确保无人员伤亡、高空坠落事故	1. 编制钢筋工程专项方案，并经公司技术负责人审批同意。 2. 工程施工前必须对作业人员进行安全教育及安全技术交底。 3. 施工人员须穿戴好个人防护用品（如安全带、安全帽、工作鞋等）	项目经理、项目技术负责人、项目安全负责人	基础、主体完成
4	混凝土工程	物体打击、高处坠落	确保无人员伤亡、高空坠落事故	1. 编制混凝土工程专项方案，并经公司技术负责人审批同意。 2. 工程施工前必须对作业人员进行安全教育及安全技术交底，施工人员须穿戴好个人防护用品（如安全带、安全帽、工作鞋等）。 3. 做好对混凝土输送设备的检查验收工作	项目经理、项目技术负责人、项目安全负责人	基础、主体完成
5	起重吊装工程	起重伤害	确保无人员伤亡、无设备事故	1. 吊装前必须对作业人员进行安全教育及技术交底。 2. 设置警戒区域，有专职安全生产管理人员现场监督及专职信号员指挥。 3. 作业人员必须持有效证件上岗，吊臂下严禁站人。 4. 加强对设备的检修和保养	项目经理、项目技术负责人、项目安全负责人	工程竣工大型设备拆除

序号	分部分项名称	危险有害因素类别	目标	安全管理方案	责任人	完成时间
6	脚手架工程	物体打击、坍塌、高处坠落	确保无人员伤亡、无坍塌事故	1. 编制脚手架搭设、拆除专项方案,超高、悬挑式脚手架必须经过计算,并经公司技术负责人审批同意。 2. 按要求对架体进行验收。 3. 搭设前进行安全教育及安全技术交底,搭、拆人员持证上岗。 4. 安装、拆除时设置警戒区,有专职安全生产管理人员监督。 5. 搭设完成后,必须进行验收,验收合格后方可使用。 6. 使用过程中严禁超载	项目经理、项目技术负责人、项目安全负责人	主体完成,脚手架拆除
7	施工用电(带电作业)	触电火灾	确保无触电、无人员伤亡、无火灾事故	1. 编制施工用电方案,并经公司技术负责人审批同意,电工持证上岗。 2. 作业前对施工人员进行安全教育和技术交底。 3. 执行电工操作规程,按要求穿戴防护用品(绝缘鞋、绝缘手套等)。 4. 设施、装置符合《施工现场临时用电安全技术规范》JGJ 46—2005,并验收合格。 5. 带电作业期间必须指派专人进行监控	项目经理、项目技术负责人、项目安全负责人及各用电班组	工程竣工
8	大型机械(塔式起重机、施工升降机)安装拆除	起重伤害,机械伤害	确保无人员伤亡事故、无设备事故	1. 须分包给有资质的专业队伍安装、拆除、加节、移位等。 2. 编制安装、拆除、加节、移位等专项施工方案,并经分包、总公司逐级审批。 3. 装、拆须对作业人员进行安全教育及技术交底。 4. 装、拆期间须设置警戒区,有专职安全生产管理人员监督。 5. 装、拆人员须持有效证件上岗,并经体检合格,作业时穿戴好劳动保护用品。 6. 按要求设置卸料平台、防护门、通信装置等。 7. 搭设完毕的必须经过验收,塔式起重机、施工升降机等须经法定检测机构检测合格后方准使用,并定期检查保养	项目经理、项目技术负责人、项目安全负责人、电工班	工程竣工大型设备拆除
9	消防	火灾	确保无火灾事故	1. 编制动火方案,配备足够消防设施器材。 2. 动火前必须分级办理动火证,并制定专项防火措施,动火现场必须配备足够的灭火器及相关灭火设备,派专人监管。 3. 项目部成立防火领导小组及建立义务消防队并定期演练。 4. 宿舍内严禁使用大功率电器及电加热器。 5. 动火人必须按照动火操作规定动火。 6. 动火前须清理现场周围的易燃易爆物品,在用火点4m半径内摆放消防设施。 7. 电、气焊等动火作业要有专业人员操作,并持有效证件。 8. 五级及以上大风天气,禁止室外动火作业。 9. 用火期间,动火证原件必须摆放在施工现场主入口。 10. 用火完毕,及时清理用火场,30min确认无问题后方可离开,并加强巡查	项目经理、项目技术负责人、项目安全负责人	工程竣工

10.1.2 危险性较大的分部分项工程专项施工方案审批记录样式

见表 10.1-2。

危险性较大的分部分项工程专项施工方案审批记录　　　　表 10.1-2

工程名称		方案名称		
建设单位		监理单位		
施工单位		文件编号		
编制人		编制日期	年　月　日	
基层公司审核	技术经理审核： 签字　　　　年　月　日			基层公司盖章
	生产经理审核： 签字　　　　年　月　日			
集团公司部门审核	签字（盖章）　　　　　　　　年　月　日			
	签字（盖章）　　　　　　　　年　月　日			
施工单位审批	总工程师： 年　月　日	监理单位审批	总监理工程师： 年　月　日	

10.1.3 危险性较大的分部分项工程专项施工方案修订审批记录样式

见表 10.1-3。

危险性较大的分部分项工程专项施工方案修订审批记录 表 10.1-3

工程名称		方案名称		
修订人		编制日期	年 月 日	
修订内容：				
基层单位审核	技术经理审核： 签字　　　　年 月 日			基层公司盖章
	生产经理审核： 签字　　　　年 月 日			
公司部门审核	签字(盖章)　　　　年 月 日			
	签字(盖章)　　　　年 月 日			
施工单位审批	总工程师： 年 月 日		监理单位审批	总监理工程师： 年 月 日

10.1.4 专家论证报告范例

(1) 范例一：基础开挖工程（表10.1-4）。

危险性较大的分部分项工程安全专项施工方案专家论证报告 　　　表 10.1-4

工程名称	××××大学××××学院新校区项目 设备用房2基坑开挖施工专项方案		分部分项 工程名称	地基 基础
总承包单位	甘肃××××建设集团股份有限公司		项目负责人	×××

20××年××月××日，由施工总承包单位邀请有关专家，建设、勘察、设计、监理等单位参加，对甘肃××建设集团股份有限公司编制的《××××大学××××学院新校区项目设备用房2基坑开挖施工专项方案》进行了论证，论证报告如下：

1. 总体情况：

(1)本工程基坑开挖深度为10.6～11.0m。场地西侧20m远处有一道综合管沟，其余三面30m内无建筑物，现场及周边没有地下管沟等埋设物。(2)土层自上而下为：素填土、角砾、粉质黏土、砂岩层，基坑勘察范围内无地下水影响。(3)施工单位提出采取三级自然放坡坡率法、机械开挖方式经济可行；(4)方案的编制内容基本齐全，基本符合《危险性较大的分部分项工程安全管理规定》（住房和城乡建设部令第37号）、《住房城乡建设部关于实施〈危险性较大的分部分项工程安全管理规定〉有关问题的通知》（建办质〔2018〕31号）文件的规定，按以下意见补充完善后可以实施。

2. 改进意见：

(1)进一步核明现场实际土层，选取典型剖面，调整土性参数和超载值，复核计算书。

(2)必须严格按照复核计算确定的基坑侧壁坡度值进行施工，确保挖方坡率；遇透镜体等软弱土层，应有防止其坍塌的技术措施。

(3)全面探查核清基底土层情况，使基础坐落在可靠的持力层上；倘若持力层标高、基坑深度发生变化时，应根据实际变化情况调整施工方案内容。

(4)土方开挖应分层、分区段进行，避免超挖。细化坑内及坑顶周围的防排水措施。

(5)调整出土马道坡度值，以及坑顶护栏、人员上下梯道的构造。

(6)注意基坑侧壁冻胀、温度变化的影响，细化基坑变形监测内容。

(7)完善应急预案

结论		□通过	☑修改后通过		□不通过	

专家组	姓名	工作单位		职称	签名
专家	×××	甘肃省××××设计研究院		正高	×××
	×××	甘肃××××研究院		正高	×××
	×××	甘肃××××建设有限公司		高工	×××
	×××	兰州×××××公司		高工	×××
	×××	兰州×××××公司		正高	×××

（2）范例二：基坑支护工程（表 10.1-5）。

危险性较大的分部分项工程安全专项施工方案专家论证报告　　　表 10.1-5

工程名称	×××小区二期工程(B区)		
施工总承包单位	北京城建××××建设工程有限公司	项目经理	×××
专业承包单位	甘肃××岩土工程有限公司	编制人	×××
分项工程名称	基坑支护工程安全专项施工方案		

专家一览表

姓名	性别	工作单位	职称	专业	电话
×××	男	兰州×××有限公司	正高	施工技术	××××××××××
×××	男	兰州×××工程有限公司	高工	施工技术	××××××××××
×××	男	甘肃省×××××安全管理协会	高工	安全管理	××××××××××
×××	男	甘肃××××××有限责任公司	正高	施工技术	××××××××××
×××	女	甘肃×××××建设有限公司	高工	技术管理	××××××××××

<table>
<tr><td rowspan="2">专家论证意见</td><td colspan="3">□通过　　　☑修改后通过　　　□不通过</td></tr>
<tr><td colspan="3">

20××年×月××日,由专业承包单位邀请有关专家,建设、监理、施工总包单位参加,对其编制的《基坑支护工程安全专项施工方案》进行了论证,形成论证报告如下:

1. 总体评价

项目位于兰州市九州经济开发区北环路以北、九州中路以东。场地大致呈矩形,东西长 109.6～146.5m,南北宽 346.3m。拟建 7 栋住宅楼、多栋多层商业建筑和 1 栋幼儿园,整体地下 2～3 层。基坑设计开挖深度除北侧为 6.8m 外,其他深度为 13.0～23.9m。场地东侧邻罗锅沟;西侧邻北环路,距基础 15.0～16.0m;南侧为基坑出土马道,与项目 A 区相邻;北侧邻项目 C 区。场地基层自上而下为填土(层厚 1.5～39.7m,成分多为粉土和碎石、砂岩块等),粉土层和砂土层,无地下水。工程基坑支护由甘肃省××设计研究院有限公司设计(20××年×月),采用桩锚结构、放坡＋桩锚支护设计。甘肃××岩土工程有限公司依据基坑支护专项设计编制的专项施工方案安全合理,编制依据正确,内容基本齐全,施工措施可行,建议按下述意见修改完善后实施。

2. 改进意见

(1)补充必要的施工图件,包括施工平面图、基坑支护平面图、剖面图、大样图、基坑及周边建(构)筑物变形观测点布置图等。

(2)由于基坑深度很大,周边岩土状况复杂,在支护施工中,坚持动态管理设计、信息化施工,出现异常情况,要及时向基坑支护设计单位反映,采取必要措施。

(3)场地存在大厚度填土层,填土成分不良,对边坡稳定性、支护桩和锚索成孔施工、打入式土钉质量控制极为不利,应补充有针对性的施工措施和应急处置预案。

(4)施工中应保证支护桩、锚索施工质量,确保土钉和锚索长度、直径和注浆饱满度;做好支护桩、锚索试验检测,加强验收。

(5)与总承包单位协商,合理安排基坑上下人员通道及搭设要求;明确基坑周边堆载要求。

(6)由于基坑支护施工时间和使用时间较长,应做好整个场地及内外防排水、防暴雨措施,特别是场地西侧、北侧汇入水流。

(7)加强基坑变形监测,派专人进行巡视,发现异常,应及时分析并采取必要的措施。

(8)做好开工前的安全、技术交底,在场地明显位置树立危险性较大的分部分项工程警示牌,基坑支护完工后,及时按规定组织验收。

(9)按《危险性较大的分部分项工程安全管理规定》(住房和城乡建设部令第 37 号)、《住房城乡建设部关于实施〈危险性较大的分部分项工程安全管理规定〉有关问题的通知》(建办质〔2018〕31 号)文件要求,调整专项方案章节内容、完善工期计划及审核报批程序

</td></tr>
</table>

签字栏	组长：×××
	专家：×××　　×××　　×××

（3）范例三：高大模板工程（表10.1-6）。

危险性较大的分部分项工程安全专项施工方案专家论证报告 表 10.1-6

工程名称	榆中县和平镇××××××改造项目(一期 A 区)施工二标段				
施工总承包单位	××建设集团有限公司			项目经理	×××
专业承包单位	×××			编制人	×××
分项工程名称	地下车库高大模板安全专项施工方案				
专家一览表					
姓名	性别	工作单位	职称	专业	电话
×××	男	兰州×××有限公司	正高	施工技术	××××××××××××
×××	男	兰州××××××有限公司	高工	施工技术	××××××××××××
×××	男	甘肃省×××××××管理协会	高工	安全管理	××××××××××××
×××	男	甘肃×××××××责任公司	正高	施工技术	××××××××××××
×××	女	甘肃建投××××××有限公司	高工	技术管理	××××××××××××

	□通过 ☑修改后通过 □不通过
专家论证意见	20××年×月××日，由施工总承包单位邀请有关专家，建设、监理、施工总包单位参加，对其编制的《榆中县和平镇××××××改造项目(一期 A 区)施工二标段地下车库高大模板安全专项施工方案》进行了论证，形成论证报告如下： 　1. 总体评价 　该工程为地下 2 层地上 2 层，框架结构，本标段总建筑面积 72234.79m²。高支模区域为：本标段地下一层现浇梁板；其中，⑪-1～⑪-2/⑪-I～⑪-N 轴层高 8.35m，其余区段层高 4.2m、5.1m。板厚 350mm，最大梁断面尺寸 500mm×1850mm、500mm×1300mm、500mm×1250mm、500mm×1100mm，模板支撑系统坐落在地下室负二层顶板上。施工单位提出采用钢管扣件式满堂支撑架的方式合理可行。方案的编制内容基本齐全，基本符合《危险性较大的分部分项工程安全管理规定》(住房和城乡建设部令第 37 号)、《住房城乡建设部关于实施〈危险性较大的分部分项工程安全管理规定〉有关问题的通知》(建办质〔2018〕31 号)文件的规定，按以下意见补充完善后可以实施。 　2. 改进意见 　(1)明确模板支撑系统安全等级。通过模板支撑系统组成材料的实测和构配件的试验与分析，进一步验证核清其结构抗力值并修正参数，根据材性实际赋值，进行荷载组合，复核计算书。补充连墙件强度、稳定性和连接强度计算，支撑架下水平构件结构承载力验算和局部抗冲切验算。 　(2)补充高支模区域结构平面布置图；细化高支模区域立杆和纵横水平杆平面布置图、水平剪刀撑平面布置图和剖面图、竖向剪刀撑布置投影图、梁板支模大样图、连墙件布设位置及节点大样图、模板支撑系统变形监测点布置图等相关图件，并使之具体化。 　(3)根据线荷载的大小，将梁下增设立杆数、纵距分列清楚；通过缩小立杆间距、梁下增设立杆来减小单根立杆轴向力设计值。严格控制梁两侧立杆至梁边的距离和立杆顶部的悬臂高度。明确斜梁、边梁、后浇带部位的搭设构造，以及高支模区域与非高支模区域的延伸构造。 　(4)高支模区域施工时，地下室负二层顶板下应采取回顶措施。 　(5)严格模板支撑系统组成材料验收和架体组装质量的验收，合格后方可进入下道工序。 　(6)严格控制水平构件混凝土的对称浇筑顺序和施工荷载，避免采取"整层整浇"工艺。 　(7)细化模板支撑系统变形监测内容。 　(8)完善应急预案 <div style="text-align:right">20××年×月××日</div>
签字栏	组长：××× 专家：×××　　　×××　　　×××

（4）范例四：幕墙工程（表10.1-7）。

危险性较大的分部分项工程专项施工方案专家评审意见　　　　表 10.1-7

专项方案名称：幕墙工程安全专项施工方案

施工单位	××××集团股份有限公司
工程名称	××××××大厦

20××年××月××日,由××××集团股份有限公司邀请有关专家,建设、监理、总包方和专业施工单位参加,对其编制的《××××××大厦幕墙工程安全专项施工方案》进行了论证,形成如下论证意见：

1. 总体评价

该工程幕墙工程由三部分组成:1～6层裙楼外装饰幕墙为半隐框玻璃幕墙、石材幕墙、铝板幕墙、不锈钢铁艺、有框地弹门及雨篷等工程。7～46层塔楼外装饰幕墙为半隐框玻璃幕墙、铝板幕墙。屋面以上机房及设备层组成为竖明横隐框玻璃幕墙、铝板幕墙。建筑高度200.10m。施工单位提出采用构件式安装、雨篷及屋面搭设钢管脚手架施工的方式合理可行。方案的编制内容基本齐全,基本符合《住房城乡建设部关于实施〈危险性较大的分部分项工程安全管理规定〉有关问题的通知》(建办质〔2018〕31号)文件的规定,经按以下意见补充完善后可组织实施。

2. 改进意见

(1)根据确定的幕墙主要性能指标,施工前应委托具有资质的检测机构试验合格后方可进行大面积施工;细化幕墙工程质量检测计划、幕墙验收内容;

(2)将外墙外保温的构造及其与幕墙施工二者之间的衔接予以述明;

(3)明确后置埋件的设置方式、规格、极限拔出力、防止施焊造成锚栓过度受热的防治措施、质量检验及施工要求;

(4)在已经经过吊篮安全专项施工方案论证的基础上,进一步细化吊篮在立面四角内缩部位的平面布置,补充吊篮在负风压作用下的防倾覆措施;

(5)细化幕墙施工防火、防雷、临时用电等安全技术措施;补充水平防护、立面防护安全防护构造;

(6)完善应急预案

姓名	职称	工作单位	签字
×××	正高	兰州××××有限公司	×××
×××	正高	甘肃省×××××管理办公室	×××
×××	教授	兰州××大学	×××
×××	高工	甘肃省××××研究院	×××
×××	高工	兰州×××××有限责任公司	×××

10.1.5 危险性较大的分部分项工程安全技术交底样式

见表 10.1-8。

×××工程安全技术交底

表 10.1-8

施工单位名称		单位工程名称		
施工部位		施工内容		
通用安全技术交底内容				
施工现场针对性安全交底				
编写人		安全员		批准人	
交底人		接受交底负责人		交底时间	年　月　日
作业人员签名				

本表一式两份，班组自存一份，归档一份。

10.1.6 危险性较大的分部分项工程施工作业人员登记记录样式

见表 10.1-9。

危险性较大的分部分项工程施工作业人员登记记录　　　　表 10.1-9

工程名称：

危险性较大的分部分项 工程项目名称	施工人 员姓名	施工作 业部位	施工作 业时间	现场作 业面情况	备注

10.1.7 项目负责人施工现场履职带班检查记录样式

见表 10.1.10。

项目负责人施工现场履职带班检查记录 表 10.1-10

项目名称					
日期		气温		项目经理	
当日重点施工内容		作业班组	楼层	是否交叉作业	责任人
危险性较大的分部分项工程及超过一定规模的危险性较大的分部分项工程的管理情况：					
关键过程管控情况：					
施工现场安全隐患排查情况：					
当日排查出隐患整改意见及措施：					
复查意见：					

10.1.8 危险性较大的分部分项工程现场监督记录样式

见表 10.1-11。

危险性较大的分部分项工程现场监督记录   表 10.1-11

工程名称		结构形式	
建筑面积		层数	
危险性较大的分部分项工程名称			

实施过程监督记录：

监督员：   日期：   年   月   日

10.1.9 危险性较大的分部分项工程安全巡视记录样式

见表 10.1-12。

危险性较大的分部分项工程安全巡视记录 　　　　表 10.1-12

工程名称		巡视日期	年　月　日
巡视人员			
巡视记录:			
巡视人员(签名)			

10.1.10 危险性较大的分部分项工程验收记录样式

见表 10.1-13。

危险性较大的分部分项工程验收记录   表 10.1-13

工程名称		结构形式	
建筑面积		层数	
危险性较大的分部分项工程名称			
现场检查验收情况： 年　月　日			
验收结论： 年　月　日			
      验收人员签名：　　　　　　　　验收日期：　　　　　年　月　日			
验收人员意见或建议： 年　月　日			

10.2 基坑工程资料

10.2.1 基坑工程安全管理措施范例

基坑工程安全管理措施

为确保施工现场基坑施工中基坑边坡稳定、人员及设备安全，特制定本措施。

1. 基坑土方施工，应编制深基坑土方开挖、基坑降水及支护专项施工方案，对深基坑土方施工应组织专家论证。施工过程严格按照施工方案进行施工。

2. 根据地基挖掘深度与土质和地下水位情况，分别按规定采取留置安全边坡、加设固壁支撑、挡土墙、设置土钉或锚杆支护等安全技术措施，严禁挖掘负坡度土壁。

3. 土方开挖前要在确认地下管线、人防结构等地下物及废井、坑的埋置深度、位置及防护要求后，制定防护措施，经施工技术负责人审批签字后方可作业。土方开挖时，应对相邻建（构）筑物、道路的沉降和位移情况，派专人密切观测，并做好记录。

4. 如遇地下水位高于工程基础底面或地表水使土壁渗水情况，应采取加强降水、排水措施；如遇流沙土质应采取压、堵、挡等特殊安全措施；拆除固壁支撑时应按回填土顺序自下而上逐层拆除，并随拆随填，防止边坡塌方或对相邻建筑物产生破坏。

5. 在地形、地质条件复杂、可能发生滑坡、坍塌的地段挖土方时，应有施工单位与设计单位约定施工技术方案与排水方案。在深基坑和基础桩施工及在基础内进行模板作业时，施工单位应指定专人监护、指挥。

6. 在基坑边和基础桩孔边堆土、堆物应按规定保持安全距离，距基坑边 1.5m 范围内不得堆放物料，基坑边堆放不得超载，挖出的余土应堆放在距土壁 1m 以外，高度不得超过 1m，应及时运走。

7. 距基坑 3m 范围内不得有重型车辆通行或重物、重型设备存放；如四周有建筑物（含围墙等临建设施），应采取临时加固措施。

8. 基坑施工要设置有效排水措施，雨天要防止地表水冲刷土壁边坡，造成土方坍塌。在基坑四周应采取堵水、排水措施，基坑内泡水，应使用潜水泵抽水排除；冬季挖土、填土，基础表面应进行覆盖保温，解冻期应检查土壁有无因化冻的塌方险情。

9. 在施工作业中，应经常对基坑土壁安全状况进行检查，每天进行沉降及位移观测，做好记录，定期向项目部汇报观测情况。基坑周围发现土壁裂缝、剥落、位移、渗漏、土壁支护和邻近建（构）筑物有失稳等险情，应及时撤出基坑（槽）内危险地带的作业职员，并采取妥善排除措施，当险情排除后才准继续作业。

10. 施工中及时观察观测边坡土体情况，发现边坡有裂痕、疏松或支撑有折断、走动等危险征兆，及时反映到上级部门，并立即停止施工，撤出影响范围内所有施工人员。

11. 基坑临边设置防护栏杆，挂设安全警示牌，教育现场广大职工在基坑边作业或行走时注意安全。禁止任何人员违章翻越防护栏杆，冒险作业。

10.2.2 基坑监测日报表样式

见表 10.2-1。

水平位移和竖向位移监测日报表　　　　　　　　　　　　　表 10.2-1
第　次

工程名称：　　　　　　　　　　报表编号：　　　　　　　　　　天气：

测试日期：　　年　月　日　时　　　　　　　　　　　　　第　页　共　页

点号	水平位移				竖向位移				备注
	本次测试值（mm）	单次变化（mm）	累计变化量（mm）	变化速率（mm/d）	本次测试值（mm）	单次变化（mm）	累计变化量（mm）	变化速率（mm/d）	
工况					当日监测的简要分析及判断性结论：				

观测者：　　　　　计算者：　　　　　　　　　　校核者：

×××××××工程
基坑水平位移观测及相邻建筑物
沉降观测第五观测周期
(2010-××-××)

监
测
报
告

×××××××有限公司

基坑水平位移观测及相邻建筑物沉降观测第五观测周期（2010-××-××）监测报告

工程编号：××××—××

法 定 代 表 人：×××

技 术 负 责 人：×××

审 核 人：×××

项 目 负 责 人：×××

××××××××有限公司

2010 年××月××日

一、本周期观测时间：2010 年×月×日

沉降观测仪器：瑞士产徕卡 DNA03 数字式自动安平精密水准仪配条码式铟瓦水准钢尺。

水平位移观测仪器：瑞士产徕卡 TCR402ultra 全站仪配合徕卡原装专用微型棱镜施测。

二、本周期施工进度：基坑内局部正在做护壁支护加固。本观测周期基坑水平位移 9～14 号观测点区域支护结构暂未成形，暂时不具备安点条件；沉降观测相邻建筑物 2 与相邻建筑物 3 一侧的基坑未开挖，所以还未对其相邻建筑物进行埋点观测，暂无观测数据。

三、报警值取值说明：

根据国家标准《建筑基坑工程监测技术规范》GB 50497—2009 第 8.0.1 条相应规定：基坑工程监测报警值应符合基坑工程设计的限值、地下结构设计要求以及监测对象的控制要求。基坑工程监测报警值应由基坑工程设计方确定。

1. 基坑水平位移最大累计位移量及水平位移变化速率

根据建设方提供的由中国建筑西南勘察设计研究院有限公司编制的"基坑工程设计总说明"中对本基坑变形监测报警值的相应规定：支护结构顶部水平位移大于 30mm，连续 3 天位移速率大于 2mm/d，应进行报警。

（1）累计水平位移量报警值与预警值设定：取该基坑支护结构上口水平位移量监测报警值为 30mm，取监测报警值的 80％为监测预警值，即监测预警值为 24mm（30mm× 80％＝24mm）。

（2）位移量变化速率报警值与预警值设定：基坑水平位移变化速率监测报警值为连续 3 天水平位移变化速率为 2mm/d，取监控报警值即为监控预警值。

2. 基坑相邻建筑物累计沉降量及沉降变化速率

根据《建筑基坑工程监测技术规范》GB 50497—2009 第 8.0.5 条表 8.0.5 建筑基坑工程周边环境监测预警值的相应规定：邻近建筑物位移累计值为 10～60mm；变形速率为 1～3mm/d。

（1）基坑相邻建筑物累计沉降量监控报警值与预警值设定：取相邻建筑物最大累计沉降监控报警值为 30mm，取监控报警值的 80％为监控预警值，即：相邻建筑物最大累计沉降监控预警值为 24mm（30mm×80％＝24mm）。

（2）基坑相邻建筑物沉降变化速率监控报警值与预警值设定：取相邻建筑物沉降变化速率监控报警值为 3mm/d，取监控报警值的 80％为监控预警值，即监控预警值为 2.4mm/d（3mm/d×80％＝2.4mm/d）。

3. 基坑相邻建筑物基础变形报警值与预警值

根据国家标准《建筑地基基础设计规范》GB 50007—2002 的规定：建筑物的地基变形允许值，对框架结构的工业与民用建筑物相邻柱基的沉降差≤0.002l。变形允许值即为监控报警值（即监控报警值≤0.002l），取监控报警值的 80％作为监控预警值，即建筑物地基变形监测预警值≤0.0016l（0.002l×80％＝0.0016l）（l 为相邻柱基的中心距离，单位为 m）。

对砌体承重结构基础的局部倾斜变形允许值≤0.002。变形允许值即为监控报警值（即监控报警值≤0.002），取监控报警值的 80％作为监控预警值，即砌体承重结构基础的局部倾斜监控预警值≤0.0016（0.002×80％＝0.0016）。

四、本周期监测数据分析

1. 基坑水平位移观测数据分析：

（1）累计位移矢量统计分析：各观测点分别与2010年9月5日、2010年9月14日、2010年9月19日初始监测数据比较，本观测周期2010年9月29日最大累计位移矢量为6.4mm（3号观测点），小于基坑支护结构上口最大水平位移监控预警值24mm。

（2）本观测周期位移矢量分析：与上一观测周期2010年9月26日数据比较，本观测周期2010年9月29日最大位移矢量为2.9mm（5号观测点），本次最大水平位移变化速率为0.97mm/d（5号观测点），小于基坑支护结构上口最大水平位移变化速率监控预警值：连续三天的水平位移达到2mm/d。

（3）位移曲线分析：从位移曲线的位移趋势来看，在最近三个连续观测周期（2010年9月19日～2010年9月29日）期间，各观测点位移曲线均无显著变化。

（4）本周期观测数据表明：该基坑在本周期间无变形或变形不显著。

2. 相邻建筑物沉降观测数据分析：

（1）本周期观测数据分析：与2010年9月5日初始监测数据比较，本观测周期2010年9月29日最大累计变形量为0.9mm（位于相邻建筑物1的1～6号观测点），小于相邻建筑物沉降最大监控预警值24mm。

（2）沉降变化速率分析：本观测周期2010年9月29日最大沉降量为1.1mm（位于相邻建筑物1的1～8号观测点）；最大沉降变化速率为0.37mm/d（位于相邻建筑物1的1～8号观测点），小于相邻建筑物沉降变化速率监控预警值2.4mm/d。

（3）沉降曲线分析：从沉降曲线变化趋势来看，各观测点沉降曲线变化均不显著。

（4）建筑物相邻柱基的沉降差分析如表10.2-2所示。

建筑物相邻柱基的沉降差分析 表10.2-2

变形统计分析子项		统计分析内容	是否达到预警值、报警值
建筑物地基的最大倾斜部位	相邻建筑物	地基的最大倾斜部位相邻柱基沉降差为0.8mm（1-5号观测点、1-6号观测点），该两点相邻柱基的中心距为17930mm，相应监控预警值应为28.69mm（即0.0016×17930mm），该两点沉降差约为监控预警值的2.79%（即0.8/28.69）	未达到

因此，相邻建筑物1在近期观测期间，其相邻基坑施工影响而产生的地基变形值较小，低于监控预警值。

（5）本周期观测数据表明：相邻建筑物1在本观测周期期间基础受相邻基坑施工影响无变形或变形不显著。

附件：

1. 观测点位平面示意图（略）。

2. 基坑支护结构上口水平位移观测成果表（略）。

3. 基坑支护结构上口水平位移观测点位移曲线图（略）。

4. 相邻建筑物沉降观测成果表（略）。

5. 相邻建筑物沉降观测点沉降曲线图（略）。

10.2.4 基坑工程日常检查记录样式

见表表 10.2-3。

基坑工程日常检查记录 表 10.2-3

工程名称		检查日期	年 月 日
检查人员			
检查记录：			
检查人员(签名)			

10.2.5 基坑工程日常检查整改通知单样式

见表 10.2-4。

基坑工程日常检查整改通知单 表 10.2-4

施工单位名称：　　　　　　　　　　　　　　　　　　检查日期：　　年　　月　　日

项目名称		结构类型	
形象进度		项目经理	

检查记录	
检查人：　　受检人(施工员)：　　反馈日期：　　年　月　日	
整改措施	
整改人：　　　　　　　　　　整改日期：　　年　月　日	
复查意见	
复查人：　　受检人(施工员)：　　复查日期：　　年　月　日	

10.3　脚手架工程资料

10.3.1　安全防护设施进场验收记录样式

见表 10.3-1。

安全防护设施进场验收记录　　　　　　　表 10.3-1

工程名称：　　　　　　　　　　　　　　　　　日期：　　年　月　日

物资名称			规格/型号	
验收数量			生产厂家	
验收方法			供货单位	
出厂合格证编号			合格率(%)	
检验过程记录	进场外观检验			
	资料检查			
验收结果：				
验收人员签名：				

10.3.2 脚手架工程日常检查记录样式

见表10.3-2。

脚手架工程日常检查记录   表10.3-2

工程名称		检查日期	年　月　日
检查人员			
检查记录：			
检查人员（签名）			

10.3.3 脚手架工程日常检查整改通知单样式

见表 10.3-3。

脚手架工程日常检查整改通知单   **表 10.3-3**

施工单位名称：   检查日期：   年   月   日

项目名称		结构类型	
形象进度		项目经理	
检查记录			
检查人： 受检人(施工员)：		反馈日期： 年 月 日	
整改措施			
整改人：		整改日期： 年 月 日	
复查意见			
复查人： 受检人(施工员)：		复查日期： 年 月 日	

10.4 起重机械资料

（1）特种设备制造许可证、产品合格证、备案证明、租赁合同及安装使用说明书。

（2）起重机械安装单位资质及安全生产许可证、安装与拆卸合同及安全管理协议书、安全事故应急救援预案、安装告知、安装与拆卸过程作业人员资格证书及安全技术交底。

（3）起重机械基础验收资料。安装（包括附着顶升）后安装单位自检合格证明、检测报告及验收记录。

（4）使用过程作业人员资格证书及安全技术交底、使用登记标志、生产安全事故应急救援预案、多塔作业防碰撞措施、日常检查（包括吊索具）与整改记录、维护和保养记录、交接班记录。

10.5 模板支撑体系资料

10.5.1 模板支撑体系拆除审批表样式

见表 10.5-1。

模板支撑体系拆除审批表　　　　　　　　　　　表 10.5-1

施工企业		工程名称	
拆除部位		拆除时间	
模板拆除应符合下列要求： 1. 不承重的模板，须保证混凝土表面或棱角不因拆模而损坏。 2. 拆模程序一般是后支的先拆，先支的后拆，先拆除非承重部分，后拆除承重部分；拆除时不要用力过猛过急，拆下来的木料要及时运走、整理。 3. 梁、板模板拆除必须根据试块抗压报告而定，拆模须项目工程师认可；严禁野蛮施工，以免损伤混凝土及模板，使结构出现裂缝；拆除的模板应统一堆放，对于缺角、损边的旧模板不得继续使用，可裁小后依情况使用。 4. 底模及其支架拆除时的混凝土强度应符合设计要求，当设计无具体要求时，混凝土强度应符合《混凝土结构工程施工规范》GB 50666—2011 的要求			
施工企业意见		现场技术负责人：　　年　月　日	
监理公司意见		监理工程师：　　年　月　日	

本表一式三份，拆除班组、监理单位各一份，归档一份。

10.5.2 模板工程日常检查记录样式

见表 10.5-2。

模板工程日常检查记录 表 10.5-2

工程名称		检查日期	年　月　日
检查人员			

检查记录：

检查人员（签名）	

10.6 临时用电资料

10.6.1 临时用电施工组织设计审核审批记录样式

见表 10.6-1。

临时用电施工组织设计审核审批记录 表 10.6-1

编号：JL/LJ-JSB-07

工程名称			方案名称			
建设单位			监理单位			
施工单位			文件编号			
编制人			编制日期	年 月 日		
基层公司审核	技术经理审核： 签字　　年　月　日					基层公司盖章
	生产经理审核： 签字　　年　月　日					
集团公司部门审核					签字(盖章)　　年　月　日	
					签字(盖章)　　年　月　日	
施工单位审批	总工程师： 　　年　月　日		监理单位审批	总监理工程师： 　　年　月　日		

10.6.2 临时用电施工组织设计修订审核审批记录样式

见表 10.6-2。

临时用电施工组织设计修订审核审批记录　　　　　**表 10.6-2**

编号：JL/LJ-JSB-08

工程名称		方案名称		
修订人		编制日期		年　月　日
修订内容：				
基层单位审核	技术经理审核： 签字　　　　　　年　月　日			基层公司盖章
	生产经理审核： 签字　　　　　　年　月　日			
集团公司部门审核	签字（盖章）　　　　　　　　　　年　月　日			
	签字（盖章）　　　　　　　　　　年　月　日			
施工单位审批	总工程师： 　　年　月　日	监理单位审批	总监理工程师： 　　　　　　　　　　年　月　日	

98

10.6.3 电工特种作业人员登记表样式

见表 10.6-3。

表 10.6-3

编号: JL/LJ-AQB-02

电工特种作业人员登记表

工程名称:　　　　　　施工单位:

序号	姓名	性别	出生年月	工作单位	操作类别	操作项目	操作证编号	发证机关	发证日期	有效期限	上岗日期	离岗日期

10.6.4　总包单位与分包单位的临时用电安全管理协议范例

临时用电安全管理协议

总包单位：_____

分包单位：_____

为了进一步贯彻"安全第一，预防为主、综合治理"的安全管理方针，做到谁施工、谁负责安全，谁用电、谁负责用电安全的管理程序，严格落实单位相关人员的安全生产职责及相关责任，明确双方的权利和义务，保证作业人员在施工过程中的人身安全，保证现场设备设施及临时用电安全，依据相关法律规范规定双方签订此协议，本协议书与安全生产协议书、劳务合同书同步有效。

一、双方职责

（一）总包单位

1. 在工程合同期限内，总包单位对分包单位的安全生产工作依法实施管理和监督。

2. 总包单位负责给分包单位提供符合用电规范要求的一路电源线路。

3. 总包单位有权随时对分包单位施工作业过程的临时用电情况进行检查、验收、向有关人员了解安全施工情况。

（二）分包单位

1. 分包单位进场后必须向总包项目部提供分包项目部人员组建名单及相应证书复印件。上报作业人员花名册及身份证复印件存档，上报现场少数工种名单及操作证复印件。所提供的资料必须并加盖分包单位公章。分包单位按照相关规定要求，配备专兼职安全管理人员与项目部安全员共同搞好现场的安全生产管理工作。

2. 分包单位作业人员入场后，必须严格遵守法律法规的要求，严格执行临时用电协议内容的相关条款规定。严格落实执行我公司和项目部的施工用电相关规定及施工用电安全技术操作规程。

3. 分包单位作业班组人员必须接受项目部的安全教育和安全检查。新进场的工人必须进行专项施工用电安全技术交底和三级安全教育，并经考核合格后方可上岗作业。严禁不进行安全教育、安全技术交底和考核不合格的人员直接上岗作业。作业中严禁违章冒险私自乱拉乱接电源线。视情节严重程度进行 1000～5000 元人民币的罚款警告。

4. 分包单位的电工人员必须持有国家正规的操作证上岗，上岗前接受相关安全知识教育和培训学习，并经考核合格后再上岗作业。

5. 分包单位人员进场后需项目部提供住宿的，宿舍管理严格按照项目部的生活区相关管理要求执行，严禁使用明火、电炉子、自制电褥子及大功率用电设备，并严禁在宿舍内做饭，存放液化气瓶等。

6. 宿舍内环境卫生要求各班组必须保持室内干净整洁，在项目部或上级领导检查中发现宿舍内临时用电不达标的，项目部将对分包单位进行 500～2000 元的经济处罚，造成严重后果的将严肃处理，发生安全事故的由分包单位承担主要责任。

7. 分包单位有存放材料等库房的，必须制定库房管理制度，并指定专人进行负责管理，特别是在防火、防电方面加强管理和检查，在库房周围悬挂醒目的安全警示标志。

8. 分包单位现场用电必须由总包方项目部统一配线布置，分包单位必须上报用电量计划，项目部根据用电情况在适当位置留出一至二个二级配电箱。从分包单位需要接线预留的二级配电箱内，接引至所属的配电箱内，再进行设备的临时接线，各级配电箱内接线必须符合《施工现场临时用电安全技术规范》JGJ 46—2005 的要求。

9. 作业面上用电严禁乱拉乱接，使用的各种电气线路、插头、插座必须达标。各种装饰装修所用电线必须统一布置，达到安全、适用、美观的效果。分包单位现场用电必须由专业电工按照规范要求去接线，严禁无证人员私自乱拉乱接。如未按照要求，作业人员私自违章冒险蛮干乱接电源线，项目部将视情节严重程度进行 500～2000 元人民币的罚款警告，发生触电事故的，由分包单位自行承担主要责任。

10. 分包单位现场专业电工必须经常对所有电气设备、电气线路进行检查消除隐患，配合项目部的专业电工共同抓好现场的临时用电的安全管理。

11. 分包单位需要电气焊作业的，严格执行消防安全方面的相关制度和操作规程，注意防火防电。操作人员作业前必须佩戴好个人防护用品，对焊接设备和周围环境进行检查，清理干净易燃材料，采取相应措施消除隐患后再进行作业。

12. 吊篮的用电严格按照规范要求进行接线使用，要求配电箱内对每一台吊篮做到分路标识明确，达到一机一闸一漏电的要求，配电箱体及箱门必须做到接地良好。

13. 吊篮内进行焊接作业的，所用焊接设备的电源线必须保证无破损，绝缘效果达到要求。禁止将电焊机直接放在吊篮内进行焊接作业，禁止将焊把随意搭挂在吊篮上。

14. 进行现场临时用电检修时，必须严格执行停送电制度，分包单位电工要和项目部电工密切配合，共同搞好用电设施的维修工作。

二、相关责任

1. 分包单位作业人员不服从管理，违章作业，不按照临时用电规范及临时用电安全技术操作规程及临时用电安全技术交底等规定要求进行作业，冒险蛮干，视情节严重程度进行 1000～5000 元人民币的罚款警告，造成人员伤亡、设备损坏等安全事故的，由乙方承担所造成事故的主要责任。

2. 分包单位委派的电工因不具备安全专业知识、安全操作技能、无证上岗的，在操作中造成生产安全事故的由分包单位承担主要责任。

3. 本协议签订后必须严格遵照执行，违反上述条款视情节严重程度进行 1000～5000 元人民币的罚款警告，造成重大事故或重伤者，按照国家相关法律法规规定进行处理，并承担由其所造成的相应的责任，触犯刑法的将移送司法机关依法进行处理。

4. 本协议条款如有特殊情况或未尽事宜，双方可根据具体情况进行增补。

三、附则

1. 本协议自签订之日起生效，至分包单位退场后自行失效。

2. 本协议共贰份，甲乙双方各执壹份。

总包单位：   分包单位：

（盖章）   （盖章）

项目负责人：   项目负责人：

                                          年   月   日

10.6.5 临时用电安全技术交底资料

见表 10.6-4。

临时用电安全技术交底 表 10.6-4

施工单位			工程名称	
通用内容		1. 电工作业人员必须经培训和考试合格,取得特种作业人员操作证。 2. 应按施工现场临时用电施工组织设计进行临时用电施工,变更要经审批。 3. 掌握安全用电知识和操作技能,了解所用设备性能。 4. 按规定穿戴劳动防护用品,正确使用电工工具和仪表。 5. 危险性作业时,必须有专业人员在现场监护。 6. 用电设备投入使用前按规定对线路、电器和设备进行检查和测试。 7. 经常对临时用电设施进行检查和维护,发现问题及时整改。 8. 做好各种临时用电记录		
施工现场针对性内容		1. 必须按规定使用安全帽、安全带及其他个人安全防护设施。作业时穿好绝缘鞋,戴好绝缘手套,检查工具器具的完好性和有效性。 2. 现场所有配电箱、用电线路及机械设备用电情况进行检查,并做好配电箱日常巡检记录。 3. 经常对现场和生活区照明以及其他设施用电情况进行检查维护,做好电工维修记录。 4. 现场机械设备用电应严格按照规范要求配置配电箱,做好各类机械设备的保护接地接零。 5. 现场临时用电架设完毕后必须经过严格的检查验收,待验收合格后方可投入正常使用。 6. 定期对现场配电箱、临时用电线路以及施工作业面的用电情况进行检查巡查,及时整改处理出现的问题,消除隐患,防止发生触电事故。 7. 现场电工必须保证 24h 在工地现场,以便及时处理意外事故。 8. 电工在现场巡检中注意自身安全,严禁违章冒险操作。在施工用电检修时电工要严格执行停送电制度,确保安全检修。 9. 地下室或特别潮湿环境下进行施工用电架设、维护等必须严格执行相关规定,确保安全		
编写人员			批准人	
交底人签名: 被交底人签名: 年 月 日				

本表施工现场资料中归档一份,被交底人各一份,保存至工程交工。

10.6.6 配电设备、设施合格证书台账样式

见表 10.6-5。

配电设备、设施合格证书台账

表 10.6-5

设备名称	型　号	出厂日期	单　位	数　量	产权单位	设备状况	进场日期	退场日期	备　注

项目负责人：

制表人：

10.6.7 接地电阻、绝缘电阻测试记录样式

见表 10.6-6。

接地电阻、绝缘电阻测试记录表　　　　　　　表 10.6-6

工程名称		施工单位		
仪表型号		天气情况	晴阴雨雪： 气温：最高_____℃ 　　　最低_____℃	
测试内容 接地类型	防雷接地	保护接地	重复接地	其他接地
设计要求	≤30Ω	≤10Ω	≤10Ω	≤4Ω
测试结论：				
项目安全负责人：　　　　　　　测试电工： 电气负责人： 　　　　　　　　　　　　　　　　　　　年　　月　　日				

本表由项目部填写，监理单位、施工单位各存一份。

10.6.8 电气线路绝缘电阻测试记录样式

见表 10.6-7。

电气线路绝缘电阻测试记录表　　　　　　　　　　表 10.6-7

工程名称						施工单位			
仪表型号				电压			天气情况	晴阴雨雪： 气温：最高＿＿＿℃ 　　　最低＿＿＿℃	
测试项目	相间			相对零			相对地		零对地
测试内容	A-B	B-C	C-A	A-N	B-N	C-N	A-E	B-E　C-E	N-E

测试结论：

项目安全负责人：　　　　　　　测试电工：

电气负责人：　　　　　　　　　　　　　　　　　　　年　　月　　日

注：1. 本表由项目部填写，监理单位、施工单位各存一份。

2. 本表适用于单项、单项三线、三相四线制、三相五线制的照明、动力线路及电缆线路、电机、设备电气等绝缘电阻的测试。

3. 表中 A 代表第一相、B 代表第二相、C 代表第三相、N 线代表零线（中性线）、E 代表接地线。

10.6.9 临时用电日常安全检查整改记录样式

见表 10.6-8。

临时用电日常安全检查整改记录

表 10.6-8

检查日期：　　年　　月　　日

项目名称			项目经理		结构类型	
基层公司			形象进度			
检查存在的问题						
检查人：		受检人：		反馈日期：		年　月　日
整改措施						
整改人：			整改日期：			年　月　日
复查意见						
复查人：		受检人：		复查日期：		年　月　日

10.7 安全防护资料

10.7.1 安全防护用品产品质量合格证书台账样式

见表 10.7-1。

安全防护用品产品质量合格证书台账

表 10.7-1

防护用品名称	单位	出厂日期	数量	合格证是否齐全	进场日期	退场日期	备注

项目负责人：　　　　　　　　　　　　　　　　　　　制表人：

10.7.2 施工现场有限空间作业审批表样式

见表 10.7-2。

施工现场有限空间作业审批表存根

工程名称： 审批日期： 年 月 日

作业申请人：

....

施工现场有限空间作业审批表 表 10.7-2

工程名称： 申请日期： 年 月 日

申请班组		班组长签名	
申请作业 起止时间	由 年 月 日 时 分至 年 月 日 时 分		
作业部位		有限空间作业类型	
有限空间作业应注意的问题及相应的安全措施： 			
审批意见： 审批人签名： 年 月 日		作业完成后施工现场清理情况： 监护人签名： 作业人签名： 年 月 日	

注：1. 施工现场内属有限空间作业的，必须持有本审批表经批准后方能作业；
　　2. 施工作业完毕后，由作业人员、监护人员及时报告主管人员。

10.7.3 安全防护用品日常检查记录样式

见表 10.7-3。

安全防护用品日常检查记录 表 10.7-3

工程名称		检查日期	年　月　日
检查人员			

检查记录：

检查人员（签名）	

下篇

文明施工

11 文明施工总则

>>>

11.1 目的

（1）推行文明施工是建筑施工企业实施品牌战略、践行社会责任、规范项目管理、实现绿色发展的有效途径。

（2）文明施工标准化是以提高建设工程项目施工现场管理及文明施工水平为基点，规范项目文明施工行为，提高社会群众对项目管理的认可度和舒适度，推动建筑业健康发展。

（3）文明施工应实现工程质量优良、安全达标及管理标准化、环保节能突出、管理成效显著、文明绿色施工氛围浓厚。

（4）采用标准化、定型化、工具式、可周转的安全防护设施，推广集成式生产、生活、办公等施工现场临时设施。主要包括临时防护、洞口防护、隔离围挡、防护棚、钢筋作业车间、楼层安全门、活动房、饮水亭、吸烟室、临时卫生间、标准养护室、配电室、洗车台、组装式大门、围墙等可周转使用的临时设施。

（5）在兰州市工程建设项目文明施工管理实践的基础上，本书借鉴和吸收了国内较为成熟和普遍接受的工程项目文明施工管理成果，力争使本书内容引领省内各工程建设项目的文明施工管理，也给各工程建设项目的文明施工一个标准。

11.2 编制依据

11.2.1 国家、行业规范标准

（1）《建筑施工安全检查标准》JGJ 59—2011；

（2）《建设工程施工现场消防安全技术规范》GB 50720—2011；

（3）《建设工程施工现场环境与卫生标准》JGJ 146—2013；

（4）《施工现场临时建筑物技术规范》JGJ/T 188—2009；

（5）《建筑施工场界环境噪声排放标准》GB 12523—2011；

（6）《建筑工程绿色施工规范》GB/T 50905—2014；

（7）《建筑工程绿色施工评价标准》GB/T 50640—2010；

（8）《施工现场临时用电安全技术规范》JGJ 46—2005；

（9）《安全色》GB 2893—2008；

（10）《安全标志及其使用导则》GB 2894—2008；

（11）《建设工程施工现场供用电安全规范》GB 50194—2014；

（12）《工程施工废弃物再生利用技术规范》GB/T 50743—2012；

（13）《施工现场模块化设施技术标准》JGJ/T 435—2018。

11.2.2 规范性文件

（1）《住房和城乡建设部办公厅关于推广使用房屋市政工程安全生产标准化指导图册的通知》（建办质函〔2019〕90号）；

（2）《住房城乡建设部关于印发工程质量安全手册（试行）的通知》（建质〔2018〕95号）；

（3）《建设部关于印发〈绿色施工导则〉的通知》（建质〔2007〕223号）；

（4）《关于印发〈兰州市建设工程和道路挖掘工地文明施工管理规定（试行）〉的通知》（兰政办发〔2019〕34号）。

11.3 适用范围

适用于房屋建筑工程施工。

12 总平面设计

>>>

12.1 现场总平面设计原则

（1）办公区、生活区和施工现场作业区应分区设置，且应采取相应的隔离措施，并应设置导向、警示、定位、宣传等标识。

（2）办公区、生活区宜位于建筑物周边高空坠落半径和起重机械作业半径之外。

（3）办公区应设置办公用房、停车场、宣传栏、密闭式垃圾收集容器等设施，如图 12.1-1 所示。

（4）生活用房宜集中建设、成组布置，并宜设置室外活动区域，如图 12.1-2 所示。

（5）厨房、卫生间宜设置在常年主导风向的下风侧。

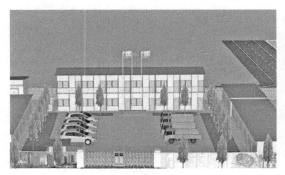

图 12.1-1 办公区设置办公用房、
停车场、公司形象及绿化布置

图 12.1-2 生活用房宜集中建设、成组
布置、并宜设置室外活动场所区域

（6）经计算复核确定现场垂直运输设备（塔式起重机、施工电梯等）位置。

（7）现场配电线路敷设或架设的走向、高度等应符合《施工现场临时用电安全技术规范》JGJ 46—2005 规定。

（8）现场临时道路、给水管网或管路敷设、消防器材布置、材料堆放区域设置、易燃易爆及有毒有害物资库房、固定动火作业场等应符合《建设工程施工现场消防安全技术规范》GB 50720—2011 规定。

（9）现场人行道路与车辆道路宜分开设置，平面布置要紧凑合理，尽量减少施工占地，尽量利用原有建筑物或构筑物。

（10）合理组织运输，保证现场运输道路畅通，尽量减少二次搬运，在平面交通上，要尽量避免土建、安装及其他各专业施工相互干扰。

（11）满足不同阶段、各种专业作业队伍对宿舍、办公场所及材料储存、加工场地的需要。

（12）现场施工平面布置设计要按照基础、主体、装饰、安装等不同施工阶段动态进行。

12.2　现场总平面设计内容

（1）施工现场的出入口、围墙、围挡；

（2）拟建建筑物、垂直运输设备、场内临时道路；

（3）给水管网或管路和配电线路敷设或架设的走向、高度；

（4）施工现场办公用房、宿舍、发电机房、配电房、可燃材料库房、易燃易爆危险品库房、可燃材料堆场及其加工场、固定动火作业场等；

（5）临时消防车道、消防救援场地和消防水源；

（6）搅拌机等各种生产机械设备场地；

（7）推荐使用 BIM 施工现场布置软件；

（8）图示如图 12.2-1、图 12.2-2 所示。

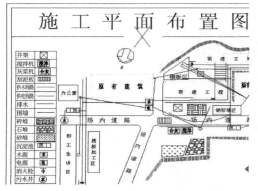

图 12.2-1　完整的施工平面布置图
包括图例、场内道路、各种加工区

图 12.2-2　施工现场的出入口、大门、
围墙、围挡、各种用房应统一布局

13 施工场地

>>>

13.1 围墙、围挡

13.1.1 围挡高度

（1）建设工程施工工地在项目施工人员进场的同时，必须设置符合施工现场总平面图要求的封闭式围挡。市区主要路段的施工现场围挡高度应不低于 2.5m，围挡应牢固、稳定、整洁，宜采用砖块、双层夹芯（芯材需为 A 级防火材料）彩钢板等硬质材料，不得使用彩条布、竹笆等。围挡外侧应进行刷白，并按照要求设置公益广告。围挡底端要设置不低于 0.3m 的防溢座，围挡之间以及围挡与防溢座之间须无缝隙。位于中心城区主干道的施工工地，鼓励使用立体绿篱式围挡，在工地围挡外分层栽种绿色植物，美化城市环境，如图 13.1-1、图 13.1-2 所示。

图 13.1-1　夹芯板围墙　　　　　　　　　　　　图 13.1-2　砖砌体围墙

（2）施工围挡应确保道路挖掘渣（泥）土不外溢，在拐角 20m 范围内应设置透空围挡，上沿设置警示灯，在围挡上设置警示带（设置宣传画的除外），警示带应为条纹式红白颜色，宽 0.2m、长 0.6m，并保持间距相同（0.3～0.6m），警示带下沿距围挡下沿（不含防溢座）高度为 1.2m。安全设施必须经常维护，保证设施齐全。作业区来车方向必须设置防撞设施，借用对向车道通行时，须在双向车道中间进行隔离，在变道处须设置变道标志、隔离设施和防撞桶，摆放锥桶引导车辆通行。

13.1.2 安全性

砌体围挡应根据项目地基基础情况具体设计，设置构造柱和圈梁，临街围挡/市政工程应设置反光警示标志。

13.1.3 美观性

围挡应及时维护，以确保墙体顺直、整洁美观。砌体围挡砌筑完成后应内外抹灰并批白；围挡应模数化设置标准间距（如模数取 1.5m，柱间距为其整数倍），不超过 5m 设置一砖柱，柱顶应做造型。

围挡底端要设置不低于 0.3m 的防溢座，围挡之间与防溢座之间须无缝隙。

13.1.4 宣传内容

工地围挡应反映城市精神风貌，紧贴实际，成为全面反映兰州市各项建设的宣传橱窗，集中展示兰州市城市建设和精神文明成果的内容，适当点缀公益广告、标语，并与周边环境完美融合，使施工围挡成为宣传绿水青山的直观媒介，让施工围挡成为美化、亮化、优化城市景色的一抹亮丽色彩。

13.1.5 宣传内容要求

围挡的宣传内容应遵守《中华人民共和国广告法》等相关规定；尺寸为 2m×5m 的围挡，标语宜为 30cm×30cm 的白色宋体字、其他尺寸围挡标语字体按照相应比例缩放；公益广告内容在"兰州文明网"（http://z.wenming.cn）首页下部公益广告板块选择下载使用。在扫黑除恶等大型专项活动期间，按要求配置相应的宣传标语。

13.1.6 美化

（1）主城区施工工地围挡外立面原则应采用绿植美化围挡。

（2）短周期分段连续施工及按进度移动的临时工程，围挡应采用双层彩钢夹芯板，并满铺绿植草皮，且应保持绿植草皮的平整度及整洁度。

（3）施工工期在一个月内的工程，临时围挡应采用双层彩钢夹芯板，并满铺绿植草皮，且应保持绿植草皮的平整度及整洁度。

（4）施工工期在 1～3 个月内的工程，临时围挡应满铺绿植草皮，且应保持绿植草皮的平整度及整洁度。草皮上应设置白色宋体字的宣传标语。

（5）施工工期在三个月以上的工程，应设置砌体长期围挡，围挡应满铺绿植草皮，且应保持绿植草皮的平整度及整洁度，草皮上应设置白色宋体字的宣传标语。

13.2 封闭管理

13.2.1 大门设置要求

（1）大门净高不应低于 4.5m，两侧应设门柱；门扇应设置企业名称，门头应有项目名称，门柱应设置标语；大门应人车分流，在侧面或围挡旁边开设小门方便人员进出；小门内应设置人员实名制检验通道和配备相应检测验证设施（视网膜扫描或打卡设备），如图 13.2-1～图 13.2-4 所示。

图 13.2-1　大门及半封闭式通道

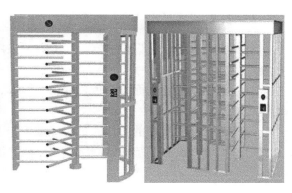

图 13.2-2　全封闭式单、双通道

图 13.2-3　封闭式通道的另一种形式

图 13.2-4　实名制人行通道正面

（2）大门内侧应设置门卫室，并配备门卫值守人员，如图 13.2-5 所示。

（3）大门一侧（工地门口）应装有视频监控设施，如图 13.2-6 所示。

（4）门柱和门扇的颜色由企业自定，但每个企业必须统一。

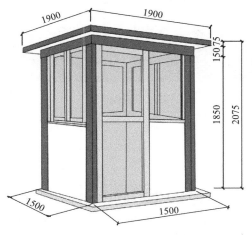

图 13.2-5　门卫室效果图

图 13.2-6　监控探头及监控屏

13.2.2 门卫室

(1) 工地大门处应设门卫室，门卫室可采用砌筑或成品活动岗亭，门卫室内不得设置床铺住人。

(2) 门卫室外墙大面刷白色，屋顶、墙脚、门框刷灰色线条，外墙醒目处张贴门卫值班制度牌。

(3) 进入施工现场的工作人员应佩戴工作卡。

(4) 值班人员宜穿统一的制服，建立值班制度，实行人员出入登记和门卫人员交接班制度。

13.3 场内硬化

(1) 工地出入口、主要道路、材料加工区应采用混凝土、预制混凝土板或者钢板进行硬化，并确保平整坚实、排水通畅。定期对路面进行清扫，保持路面干净整洁。

(2) 采用混凝土进行硬化时，混凝土强度等级不低于 C25，工地出入口、主要道路混凝土厚度不小于 200mm；材料加工区混凝土厚度不小于 100mm。

(3) 采用预制混凝土板（尺寸由企业自定）进行硬化时，混凝土强度等级不低于 C25，且地基应具备足够的承载力，如图 13.3-1 所示。

(4) 采用钢板进行硬化时，钢板之间要有连接，防止钢板偏移，钢板路面宜设置防滑条，地基应具备足够的承载力，如图 13.3-2 所示。

图 13.3-1 预制混凝土板硬化

图 13.3-2 钢板道路

13.4 现场排水

(1) 施工现场各区域应合理设置排水系统，作业区、材料堆放区和场区道路可设置排水明沟，排水明沟宽度不小于 400mm，深度不小于 300mm，坡度为 1%，基坑、沟、槽周边排水沟（井）应有防渗漏措施，如图 13.4-1、图 13.4-2 所示。

(2) 设置排水收集井，如图 13.4-3 所示。

(3) 排水沟用铁箅罩面。不小于 400mm，深度不小于 300mm，如图 13.4-4 所示。

图 13.4-1　排水明沟做法

图 13.4-2　基坑周边排水做法

图 13.4-3　排水收集井做法

图 13.4-4　排水沟铁箅罩面

13.5　洗车台

（1）工地主要出入口应设置冲洗平台，规格不应小于 3.5m×5m，配备冲洗枪，并在大门内侧设置沉砂井、排水沟，驶出工地的机动车辆必须冲洗干净方可上路，如图 13.5-1、图 13.5-2 所示。

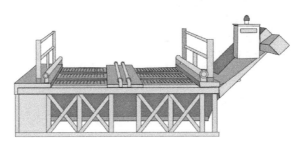

图 13.5-1　洗车台设施

（2）城市主干道及主要工程冲洗设施宜使用自动化冲洗设备。利用排水将车辆冲洗后的污水经排水沟回流到沉砂池再汇聚到蓄水池内，经过多级沉淀处理循环利用。

（3）施工现场合理布置沉淀池，沉淀池的大小根据现场实际确定，如图 13.5-3、图 13.5-4 所示。

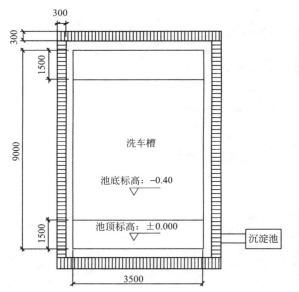

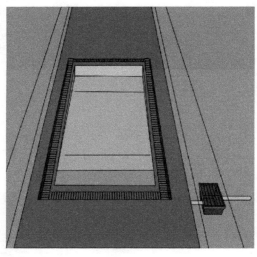

图 13.5-2 洗车台平面图、效果图

1）沉淀池内的沉淀物超过容量的1/3时应及时进行清掏。

2）严禁污水未经处理直接排入城市管网和河道。

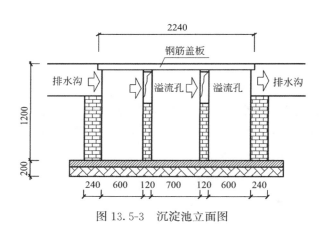

图 13.5-3 沉淀池立面图

图 13.5-4 沉淀池效果图

14　临时建筑

>>>

14.1　办公区、生活区建筑

（1）施工现场临时建筑推荐使用模块化装配式房屋形式，如图 14.1-1、图 14.1-2 所示。

图 14.1-1　箱式模块化房屋外观

图 14.1-2　箱式模块化房屋内部

（2）模块化装配式房屋设置应满足施工现场总平面布置的要求，材质、规格、施工等要求满足现行行业标准《施工现场模块化设施技术标准》JGJ/T 435 的规定。

（3）房屋的所有部品（件）应采用不燃或难燃材料，燃烧性能等级应达到 A 级，防火设计符合现行国家标准，如图 14.1-3 所示。

（4）房屋单元主体结构宜为钢框架结构，围护结构应采用具有保温隔热功能的金属面夹芯板或其他类型围护板，且应设计为拆装式。

（5）房屋单元底板构造应包含饰面层、承重板、保温层和防潮层；单元顶板构造应包含屋面板、保温层和吊顶板。

（6）生活区、办公区内地面必须平整，并且有绿化或美化措施，优先选用可周转利用、耐用性较好的路面。

（7）施工现场生活区、宿舍两层及以上临时建筑，每层的建筑面积大于 300m² 时，应至少设两个疏散楼梯，宜设置逃生杆，如图 14.1-4、图 14.1-5 所示。

（8）宿舍在炎热季节都应有防暑降温和防蚊虫叮咬措施，保持卫生清洁。

（9）宿舍用电应设置独立的漏电断路保护器和安全插座，电线应套管，禁止电线乱拉乱接，严禁使用电炉、热得快等大功率设备或者使用明火，如图 14.1-6 所示。

图 14.1-3　A 级不燃材料房屋

图 14.1-4　逃生杆上端

图 14.1-5　逃生杆下端

图 14.1-6　宿舍内部效果图

14.2　会议室要求

（1）会议室布置必须整洁美观，一般可设在底层，如图 14.2-1 所示。

（2）会议室内应布置会议桌、椅子、投影仪、饮水机等，如图 14.2-2 所示。

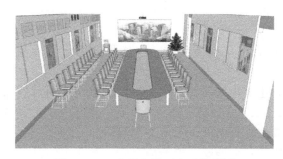

图 14.2-1　会议室平面布置效果图

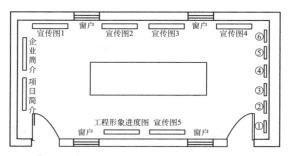

图 14.2-2　会议室平面布置简图

（3）会议室四周墙壁布置悬挂项目简介、质量方针、质量目标、环境目标、职业健康安全目标、企业文化理念、管理机构图、现场防火机构等。

14.3 材料管理

14.3.1 材料分类码放及标识

现场各种材料、机械设备、配电设施、消防器材等应按照施工现场总平面图统一布置，标识清楚。现场材料堆放区域及各种堆料架体等宜采用标准化装配式结构，如图 14.3-1～图 14.3-4 所示。

图 14.3-1　材料分类分区域码放

图 14.3-2　钢筋堆场

图 14.3-3　管材堆放

图 14.3-4　木材堆放

14.3.2 罐装材料

（1）施工现场按要求使用预拌混凝土和预拌砂浆，并采取相应的防扬尘设施，如图 14.3-5、图 14.3-6 所示。

（2）防扬尘及防砸棚高度不低于 3.5m，宽度不小于 2m，棚上方铺设防砸防雨设施。

图 14.3-5　施工现场使用预拌混凝土　　　　图 14.3-6　预拌砂浆材料罐及防护棚

14.3.3　材料专用库房

施工现场料场、库房、重要材料、设备及工具设置专用库房，如图 14.3-7～图 14.3-10 所示。

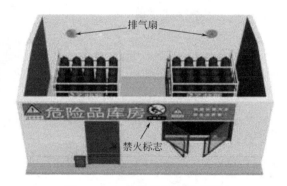

图 14.3-7　库房示意图　　　　　　　　图 14.3-8　危险品库房示意图

图 14.3-9　危险品存放　　　　　　　　图 14.3-10　设备及工具库房一角

14.3.4　建筑垃圾处理

（1）建筑物、构筑物内建筑垃圾清运，应采用容器或管道运输，严禁凌空抛掷。

（2）施工现场应设置密闭式垃圾站，建筑垃圾和生活垃圾应分开存放及时清运，建筑垃圾宜进行资源化利用；垃圾站外应设置负责人标识牌，如图 14.3-11 所示。

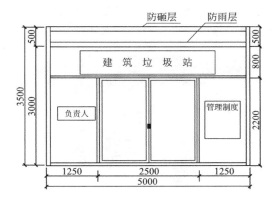

图 14.3-11　密闭式垃圾站

14.3.5　现场消防

1. 一般要求

（1）施工现场出入口的设置应满足消防车通行的要求，并宜布置在不同方向，其数量不宜少于 2 个。当确有困难只能设置 1 个出入口时，应在施工现场内设置满足消防车通行的环形道路。

（2）易燃易爆危险品库房与在建工程的防火间距不应小于 15m，可燃材料堆场及其加工场、固定动火作业场与在建工程的防火间距不应小于 10m，其他临时用房、临时设施与在建工程的防火间距不应小于 6m。

（3）临时用房建筑构件的燃烧性能等级应为 A 级。当采用金属夹芯板材时，其芯材的燃烧性能等级应为 A 级。

（4）施工现场的消火栓泵应采用专用消防配电线路。专用消防配电线路应从施工现场总配电箱的总断路器上端接入，且应保持不间断供电、室内使用油漆及其有机溶剂、乙二胺、冷底子油等易挥发产生易燃气体的物资作业时，应保持良好通风，作业场所严禁明火，并应避免产生静电。

（5）焊接、切割、烘烤或加热等动火作业前，应对作业现场的可燃物进行清理；作业现场及其附近无法移走的可燃物应采用不燃材料对其覆盖或隔离。

（6）裸露的可燃材料上严禁直接进行动火作业。

（7）具有火灾、爆炸危险的场所严禁明火。

（8）储装气体的罐瓶及其附件应合格、完好和有效；严禁使用减压器及其他附件缺损的氧气瓶，严禁使用乙炔专用减压器、回火防止器及其他附件缺损的乙炔瓶。

2. 消防水源

（1）临时用房建筑面积之和大于 1000m^2 或在建工程单体体积大于 1000m^3 时，应设置临时室外消防给水系统。消防泵房应使用不燃材料建造，设专人管理，如图 14.3-12 所示。

（2）现场临时消防给水系统应有防冻保护措施。

（3）建筑高度超过 100m 的在建工程，应在适当楼层增设临时中转水箱及加压水泵，如图 14.3-13、图 14.3-14 所示。

（4）施工现场应设置消防水源，配备足够的水龙带，周围 3m 内不得堆放物品。

（5）消防竖管须独立设置，其数量不应少于 2 根，当结构封顶时，应将消防竖管设置成环状。每层设置一个消防水接口，并配备两条水龙带和一个水枪，如图 14.3-15 所示。

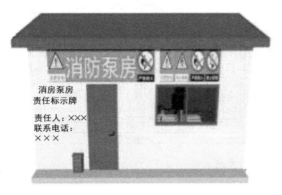

图 14.3-12　消防泵房

图 14.3-13　中转水箱（一）

图 14.3-14　中转水箱（二）

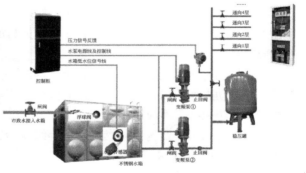

图 14.3-15　消防泵系统示意图

3. 消防器材

（1）施工现场需制定完善的消防制度及措施。有经过审批的消防应急预案，并定期进行演练。

（2）施工现场应设立符合规范要求的临时消防设施，包括消防竖管、消防箱和灭火器材、监控设备等。

（3）施工现场设置微型消防站，并按要求配备消防设施设备。

（4）临时设施总面积大于 120m²，至少设置一处灭火器材集中点，不仅要设置消防水池、砂箱、灭火器、消防斧、消防锹、消防桶等器材，而且要张贴消防负责人及有关人员名单、消防知识和应急措施等，如图 14.3-16、图 14.3-17 所示。

图 14.3-16　消火栓

图 14.3-17　室内消火栓

（5）施工作业区设置定点消防箱（内装灭火器，至少 2 具/箱）。作业区不少于 1 个/10m²；办公区、生活区不少于 1 个/200m²。动火作业设置看火人和移动消防箱（或灭火器）。消防箱为红色。

（6）高层建筑应设置专门的消防水源、消防泵和消防管道，并按保护半径不大于 25m 设置消火栓。消火栓箱、消防管道均为红色。消防系统有专人维护和监控，消防水不得他用。如图 14.3-18～图 14.3-23 所示。

图 14.3-18　监控室

图 14.3-19　监控设备

图 14.3-20　微型消防站配备

图 14.3-21　微型消防站外观

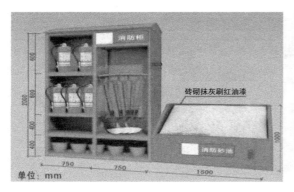

图 14.3-22　现场消防柜

图 14.3-23　施工现场消火栓

14.3.6　动火作业

（1）施工现场应建立并严格执行动火审批制度和动火监控制度。

（2）任何动火作业都要履行动火审批手续，包括《施工现场动火证申请书》和《施工现场动火证》。动火作业由需要动火的单位提出申请，现场总承包单位进行审批。动火许可证的签发人收到动火申请后，应前往现场查验并确认动火作业的防火措施落实后，再签发动火许可证。动火操作人员应具有相应资格。《施工现场动火证申请书》由审批单位留底备查，动火人持《施工现场动火证》作业。

（3）《施工现场动火证申请书》和《施工现场动火证》编号应一致或一一对应，具有可追溯性。动火作业审批表样式如图 14.3-24 所示。

动火作业审批表

工程名称：　　　　　　　　　　　　　　　　　　施工单位：

申请动火单位		动火班组		
动火部位		动火作业级别及种类		级动火
		（用火、气焊、电焊）		
动火人		看火人		
动火作业起止时间	由　年　月　日　时　分起至　年　月　日　时　分止			
动火作业周边易燃易爆物品情况：				
防火的主要安全措施和配备的消防器材：				
看火人（签名）		动火人（签名）		申请人（签名）
审批意见： 　　　　　　　　　　审批人（签名）　　　　　　　　　年　月　日				
动火监护和作业后施工现场处理情况： 　　　　　　动火人：（签名）　　　　　　　　看火人：（签名）				
1.动火人必须持有经审批的动火证，严格按操作规程动火。 2.动火前清楚周围10m的易燃、易爆物品，如有无法消除的易燃物必须采取可行的防火措施。 3.动火区必须设专人看火，同时配备灭火器材。看火人随时关注动火区域及周边防火安全，不得随意离岗。 4.风力超过三级不得进行高空作业，高空作业动火正下方必须使用接火斗。 5.凡涉及电一气焊等操作的明火作业，操作人员必须持证上岗。 6.动火完毕，必须对现场进行检查，确认无可复燃火灾隐患后方可离开。 7.审批人在现场检查动火证				

图 14.3-24　动火作业审批表样式

15 安全防护

>>>

15.1 安全防护用品

施工单位应当为员工、作业人员配备必要的劳动保护用品,并督促作业人员在作业时正确使用。用人单位应建立健全劳动防护用品的采购、验收、保管、发放、使用、更换、报废等管理制度。劳动防护用品应符合国家标准或行业标准。

劳动防护用品按人体生理部位分类,如图 15.1-1 所示。

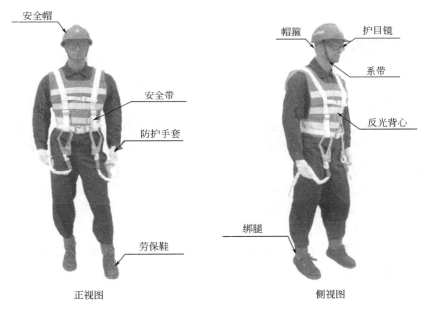

安全帽
安全带
防护手套
劳保鞋
正视图

帽箍　护目镜
系带
反光背心
绑腿
侧视图

图 15.1-1　劳动防护用品

(1) 头部防护:安全帽。
(2) 面部防护:头戴式电焊面罩,防酸有机类面罩,防高温面罩。
(3) 眼睛防护:防尘眼镜,防飞溅眼镜,防紫外线眼镜。
(4) 呼吸道防护:防尘口罩,防毒口罩,防毒面具。
(5) 听力防护:防噪声耳塞,护耳罩。
(6) 手部防护:绝缘手套,耐酸碱手套,耐高温手套,防割手套等。
(7) 脚部防护:绝缘靴,耐酸碱靴,安全皮鞋,防砸皮鞋。
(8) 身躯防护:反光背心,工作服,耐酸围裙,防尘围裙,雨衣。

131

（9）高空安全防护：高空悬挂安全带，电工安全带，安全绳。

15.2 安全帽着色规定

白色为公司管理人员、外来检查人员、项目专职安全管理人员安全帽；红色为项目管理人员安全帽；蓝色为特殊工种安全帽；黄色为施工普通操作工人安全帽；如图 15.2-1 所示。

图 15.2-1 安全帽着色

15.3 基坑防护

（1）深度超过 2m 的基坑、沟、槽周边应设置不低于 1.2m 的临边防护栏杆，并设置夜间警示灯，如图 15.3-1 所示。

（2）采用钢管搭设时，应设置两道防护栏杆（下道栏杆离地 600mm，上道栏杆离地 1.2m），立杆间距应不超过 2m，防护栏杆内侧满挂密目安全网，防护外侧设置 180mm 挡脚板，如图 15.3-2 所示。

（3）采用格栅式工具护栏时，立柱选用截面长、宽不小于 40mm，厚度不小于 2.5mm 的方形钢管，如图 15.3-3 所示。

（4）采用网片式工具护栏时，立柱选用同样的方形钢管。

（5）基坑边沿周围地面应设防渗漏排水沟或挡水台；排水沟宽度 300mm，高 400mm；挡水台高 150mm，如图 15.3-4 所示。

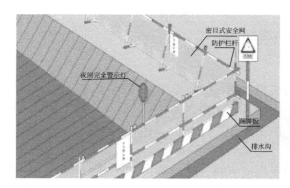

图 15.3-1 防护栏杆设置夜间警示灯　　　　图 15.3-2 工具式防护栏杆

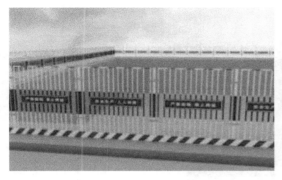

图 15.3-3　工具式防护栏杆　　　　　　　　图 15.3-4　挡水台

15.4　基坑通道

（1）基坑通道采取人车分流，如图 15.4-1 所示。
（2）车行通道侧面加装围栏如图 15.4-2 所示。
（3）人行通道可分为标准化装配式和钢管搭设式两种，如图 15.4-3、图 15.4-4 所示。

图 15.4-1　基坑通道采取人车分流　　　　　图 15.4-2　车行通道侧面加装围栏

图 15.4-3　标准装配式人行通道　　　　　　图 15.4-4　钢管搭设式人行通道

15.5 临边防护

（1）施工现场楼层临边作业区域，应按标准设置防护设施，如图15.5-1、图15.5-2所示。

（2）施工现场楼梯口和梯段边，应搭设高度不低于1.2m的防护栏杆，喷刷双色相间安全警示色，如图15.5-3、图15.5-4所示。

图15.5-1　钢管式防护栏　　　　　　　　　图15.5-2　工具式防护栏

图15.5-3　钢管式楼梯防护栏杆　　　　　　图15.5-4　组装式楼梯防护栏杆

15.6 洞口防护

（1）边长1.5m以下水平洞口，应设置钢筋网片，并采用坚实的盖板封闭，有防止挪动、位移的措施，盖板加警示标识，如图15.6-1～图15.6-3所示。

（2）边长1.5m以上水平洞口四周搭设不低于1.2m的防护栏，洞口上侧支搭水平安全网封闭，如图15.6-4所示。

（3）伸缩缝、后浇带处，应加固定盖板防护，并加设警示标识，如图15.6-5所示。

（4）电梯井口应设置固定式防护门，其高度不应低于1.5m，底部安装高度不低于180mm挡脚板，竖向栏杆净距不大于120mm；防护栏四角采用膨胀螺栓与结构墙体固定，外侧设安全警示标志，如图15.6-6所示。

图 15.6-1　1.5m 以下洞口防护及尺寸

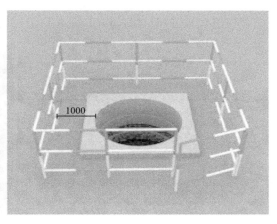

图 15.6-2　井道井圈的立体防护

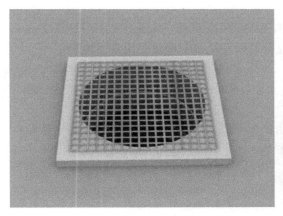

图 15.6-3　桩基成孔后的洞口防护

图 15.6-4　1.5m 以上洞口防护

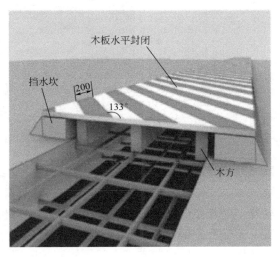

图 15.6-5　后浇带防护

图 15.6-6　电梯井门及井道水平网防护

（5）电梯井道首层应设置双层水平安全网，首层以上和有地下室的电梯井道内，每隔两层且不大于 10m 增设一道水平安全网；使用钩头螺栓安装，钩头螺栓用 HPB300-ϕ16 以上圆钢冷弯加工，电梯井内每根钢管两端分别对称设置不少于 2 个钩头螺栓固定。

15.7　防护棚

（1）建筑物主要出入口应搭设安全通道防护棚，高度大于或等于 3.5m，宽于洞口两边各不小于 1m，多层建筑防护棚长度不小于 3m，高层建筑防护棚长度不小于 6m，如图 15.7-1、图 15.7-2 所示。

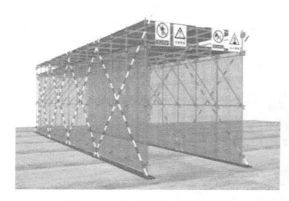

图 15.7-1　钢管式安全防护通道

图 15.7-2　工具式安全防护通道

（2）安全通道上方铺设双层 50mm 脚手板，通道入口处挂安全警示标志，宜采用标准化、定型式、装配式通道。

（3）施工现场或现场外，处于立体交叉作业或起重设备的起重机臂回转范围之内的通道，应搭设双层安全通道，通道上方铺设双层 50mm 脚手板。

（4）施工现场立体交叉作业时，应编制支搭中间硬质防护隔层的专项施工方案。方案应包含工字钢规格、悬挑长度、间距、钢丝绳卸荷以及计算等技术要求；施工现场立体交叉作业时，搭设硬质防护隔层。隔层工字钢规格、悬挑长度、间距等技术要求，应按专项方案实施，如图15.7-3所示。

图15.7-3　悬挑式安全防护层

15.8　加工棚

（1）中小型机械设置防雨防砸操作棚，并有防止倾覆措施；门外应配备灭火器材。在塔式起重机起重臂旋转半径范围以内必须采取双层防护，满铺不小于50mm厚的木脚手板，斜面铺设彩钢瓦等防雨材料。采用螺栓连接。

（2）木工加工防护棚应独立设置，除顶部防砸层外，应采用燃烧性能等级为A级的材料搭建，设门窗和防爆灯具，地面硬化。在塔式起重机作业范围内的防护棚，应设防雨防砸层，防砸层满铺50mm厚的脚手板，棚顶立面喷涂安全标识；防护棚内宜增设防尘降噪措施，宜采用标准化、定型式、装配式加工棚，如图15.8-1、图15.8-2所示。

（3）防护棚各杆件及立杆基础必须按设计方案施工，必须有防止倾覆的措施，宜采用标准化、定型式、装配式防护棚，如图15.8-3～图15.8-6所示。

图15.8-1　木工加工棚

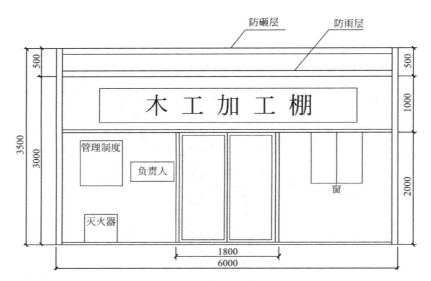

防砸层　防雨层

500

500

1000

木 工 加 工 棚

3500

3000

管理制度

负责人

2000

窗

灭火器

1800

6000

图 15.8-2　木工加工棚几何尺寸图

图 15.8-3　工具式防护棚

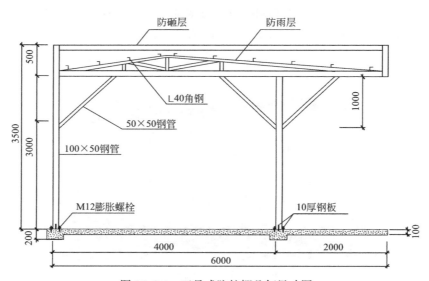

防砸层　防雨层

500

L40角钢

1000

3500

3000

50×50钢管

100×50钢管

M12膨胀螺栓

10厚钢板

200

100

4000

2000

6000

图 15.8-4　工具式防护棚几何尺寸图

图 15.8-5　站台式防护棚　　　　　　　图 15.8-6　钢管式防护棚

15.9　机械防护

（1）施工升降机出入口搭设安全通道防护棚，高度≥3500mm，洞口两边宽度不小于1000mm，多层建筑防护棚长度不小于 3m，高层建筑防护棚长度不小于 6m；安全通道防护棚上方铺设双层厚度为 50mm 的脚手板，挂安全警示标志，宜采用标准化、定型式、装配式防护棚。

（2）施工电梯平台出口外边沿处安装 1800mm 高的对开式防护门，防护门采用钢管和钢网焊接而成，门的下沿距平台不超过 100mm，防护门外侧面设置门闩或安装自动锁扣，如图 15.9-1、图 15.9-2 所示。

（3）圆盘锯设置防护罩、分料器和可透视安全挡板等安全装置，如图 15.9-3 所示。

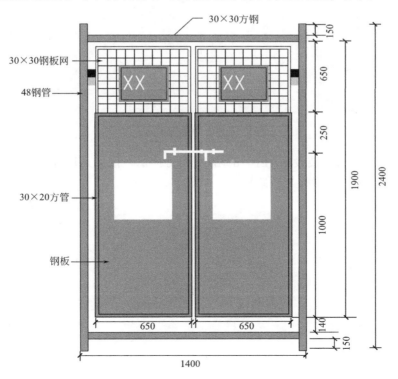

图 15.9-1　施工升降机防护门示意图

图 15.9-2　施工升降机防护门

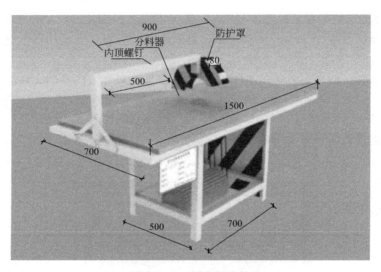

图 15.9-3　圆盘锯防护

（4）小型机具等必须装设不小于 180°的防火防护罩，框架采用 30mm×30mm×3mm 角钢，护板采用 2mm 厚钢板与框架焊接，如图 15.9-4 所示。

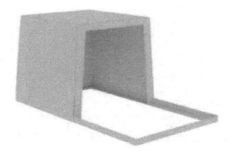

图 15.9-4　小型机具防护罩

16 公示标牌

>>>

16.1 七牌一图

建设工程实行挂牌施工，在主要出入口处须设置用硬质材料制作的封闭式大门，刷写企业标志，门面须美观、整洁、牢固，并设置门头，规范悬挂"七牌一图"（施工现场平面图、工程概况牌、安全生产管理制度牌、文明施工管理制度、环境保护管理制度牌、消防保卫管理制度牌、监督牌、项目管理机构图），如图16.1-1所示。

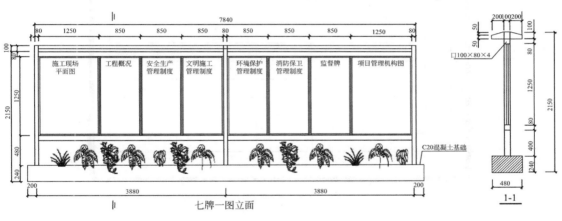

图 16.1-1　七牌一图

16.2 宣传栏

（1）现场应有宣传栏、读报栏、黑板报，图16.2-1所示。

（2）施工现场应设置重大危险源公示栏、节能公示牌等，如图16.2-2所示。

（3）本公示牌中所涉及的危险源主要指《危险性较大的分部分项工程安全管理规定》（住房和城乡建设部令第37号）中所规定的一些危险源，还包括项目部认定需要公示的其他危险源。

（4）危险源公示牌必须设置在施工现场的显著位置，安全通道、生活区及施工人员密集的场所也需要设置。

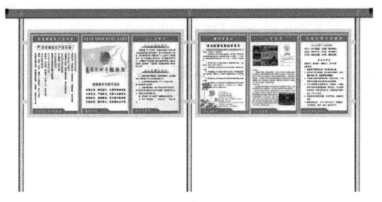

图 16.2-1　宣传栏

危险源公示牌			
序号	危险源名称	主要负责人	防范要点

公示时间：　　月　日　　月　日
发 布 人：　　　发布时间：　年 月 日

图 16.2-2　危险源公示牌

16.3　悬挑式卸料平台限载牌

悬挑式卸料平台应在平台明显处设置荷载限定标牌，如图 16.3-1 所示。

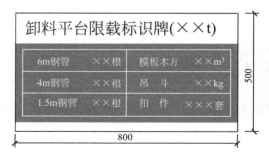

图 16.3-1　悬挑式卸料平台及限载标识

16.4 安全标志

施工现场应合理设置安全生产宣传标语和标牌。标牌设置应牢固可靠,主要施工部位、作业层面和危险区域以及主要通道口均应设置醒目的安全警示标志,如图 16.4-1～图 16.4-4 所示。

图 16.4-1 禁止标志

图 16.4-2 警告标志

图 16.4-3　指令标志

图 16.4-4　指示标志

17　生活设施

›››

17.1　食堂

（1）食堂地面应铺贴防滑瓷砖，餐饮设施符合标准，如图17.1-1、图17.1-2所示。

（2）应在食堂就餐场所醒目位置设置食品经营许可证、从业人员健康检查证和卫生法规知识培训证，如图17.1-3、图17.1-4所示。

图17.1-1　食堂外观

图17.1-2　食堂内部

图17.1-3　食品经营许可证

图17.1-4　健康证样卡

（3）食堂应达到"明厨亮灶"，使用具有质量合格证明的炊具，如图17.1-5所示。

（4）食堂应设置有效的隔油池，设专人负责定期清理，加强日常管理；隔油池应达到两级及以上隔离，如图17.1-6所示。

（5）食堂设置消毒柜、有灭蚊蝇等设施；每次制售餐饮食品必须在冷藏条件下留样48h以上，如图17.1-7、图17.1-8所示。

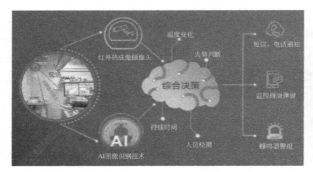

图 17.1-5　透明厨房或视频监控厨房

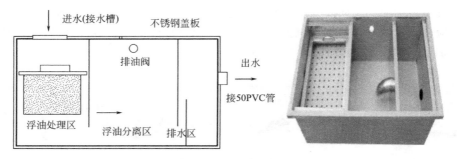

图 17.1-6　隔油池

图 17.1-7　电炊具

图 17.1-8　消毒柜、灭蚊蝇灯

17.2　厕所

（1）厕所分为固定式和移动式两种形式。必须设专人负责，及时清扫、消毒。

（2）水冲式厕所室内净高 3.7m，室内地坪比室外地坪高 0.15m，厕所内走道宽度 1.3m，窗台距室内地坪 1.8m。每个大便蹲位面积为 0.95m×1.1m，设小便池，深度为 300mm，宽度 300mm，如图 17.2-1 所示。

（3）设置水冲式厕所或移动式厕所，地面应进行防滑设置，墙面地面贴砖，如图 17.2-2 所示。

（4）高层建筑超过 8 层，宜每隔 4 层设置一处移动厕所，如图 17.2-3、图 17.2-4 所示。

图 17.2-1　现场厕所外观

图 17.2-2　厕所内部

图 17.2-3　移动式厕所

图 17.2-4　楼层小便池

17.3　淋浴室

生活区设置满足现场人员需求的淋浴室，安装防水防暴灯具，有热源及排水装置，地面铺设防滑地砖，如图 17.3-1 所示。

图 17.3-1 淋浴室

17.4 茶水亭、吸烟亭

（1）施工现场设置茶水亭、吸烟亭，面积不小于 $9m^2$；茶水亭内应设置水桶、桌椅等，如图 17.4-1～图 17.4-3 所示。

（2）生活区应设置饮用水设施。

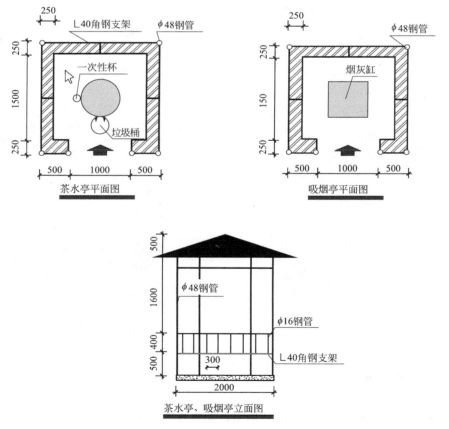

图 17.4-1 茶水亭、吸烟亭做法示意图

图 17.4-2　休息亭

图 17.4-3　大型工地室内集中饮用水

17.5　现场急救

现场应配备急救药品和器材，如图 17.5-1、图 17.5-2 所示。

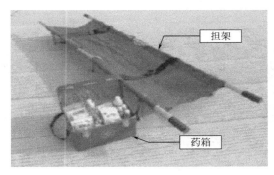

图 17.5-1　现场急救器材

图 17.5-2　现场医务室及急救药品

17.6　生活垃圾

生活区、办公区应设置密闭式垃圾站（桶），分类存放，并及时清运，如图 17.6-1、图 17.6-2 所示。

图 17.6-1　生活区、办公区垃圾站

图 17.6-2　生活区、办公区垃圾分类存放

17.7　安全体验馆

条件具备的施工现场应设置安全体验馆，如图 17.7-1、图 17.7-2 所示。

图 17.7-1　VR 安全体验馆　　　　　　　图 17.7-2　VR 安全体验馆内景

17.8　摩托车停放区

为了保证现场整齐便于管理，施工现场应根据实际需求搭设摩托车停放棚，如图 17.8-1、图 17.8-2 所示。

图 17.8-1　现场摩托车停放区（一）　　　图 17.8-2　现场摩托车停放区（二）

18 环境保护

18.1 场地噪声检测

1. 现场周边应设置噪声和粉尘等污染检测装置，如图 18.1-1 所示。

2. 将噪声、扬尘、温度、湿度等数据传输给后台控制中心和 PC 端。对施工场地范围内的噪声的扬尘情况进行实时监测，并且能够联动喷淋系统及时洒水进行扬尘治理。

图 18.1-1　扬尘噪声监测系统

18.2 洗车台

1. 施工现场出入口处必须设置车辆冲洗设施，如图 18.2-1 所示。

2. 冲洗设施应设置于工地大门内侧，长度不小于 8m，宽度不小于 6m，其周边设置排水沟，排水沟与二级沉淀池相连，并按规定处置泥浆和废水排放，沉淀池需定期清理并与市政排水管网相接。洗车台基坑按照图 18.2-1～图 18.2-3 尺寸用混凝土浇筑完成达到强度后，将洗车台成品直接吊入基坑即可，如图 18.2-4 所示。

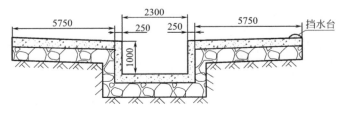

图 18.2-1　洗车台基坑剖面图

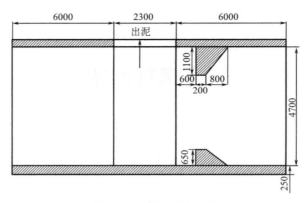

图 18.2-2　洗车台平面图

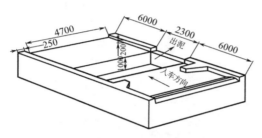

图 18.2-3　洗车台基坑示意图

图 18.2-4　洗车台三联冲

18.3　现场喷淋系统

（1）施工现场采用喷雾炮降尘，如图 18.3-1 所示。

（2）在基坑周边、结构边沿、围挡上安装降尘喷淋系统，如图 18.3-2、图 18.3-3 所示。

（3）降尘喷淋系统设置应符合设计方案。

（4）施工现场配备移动喷雾车辆，设专人定时洒水，如图 18.3-4 所示。

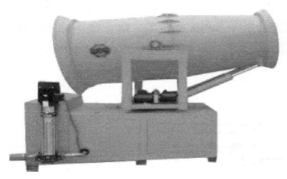

图 18.3-1　喷雾炮

图 18.3-2　现场喷淋系统

图 18.3-3　现场喷淋效果　　　　　　　　图 18.3-4　新能源雾炮洒水车

18.4　裸土覆盖

（1）现场裸露的易扬尘地面和集中堆放的土方应 100％覆盖，如图 18.4-1 所示。

（2）施工现场生活区、办公区空置场地或空闲场地应进行绿化，如图 18.4-2、图 18.4-3 所示。

（3）覆盖双层防尘网，搭接位置使用外墙保温钉进行固定，如图 18.4-4 所示。

图 18.4-1　现场裸土覆盖效果　　　　　　图 18.4-2　施工现场人造草坪覆盖

图 18.4-3　生活区、办公区绿化　　　　　图 18.4-4　裸土使用保温钉固定

18.5　雨水收集系统

项目在屋顶雨水管底部出水口，采用钢丝网透明管接驳，雨水引流至地下室顶板降板区域，经过三级沉淀后，用于冲洗道路、混凝土养护、降尘等，维护简单、加装方便、成本低廉、节水省电，如图 18.5-1、图 18.5-2 所示。

图 18.5-1　雨水收集点

图 18.5-2　雨水回收循环系统

19 文明施工标准化

>>>

19.1 脚手架

19.1.1 落地式脚手架

1. 架体形象

立杆、横杆、防护栏杆为黄色，剪刀撑为红白色相间（每段长度为400mm）。每隔一步或两步架设置一道挡脚板，挡脚板高度为200mm连续设置，色带采用红白相间色，条宽200mm，材质为硬质板材，固定于立杆内侧。脚手架外侧满挂密目安全网，安全网强度符合规范要求张挂平整，并保持无破损。剪刀撑的斜撑每6m必须与架体有三个连接点，如图19.1-1所示。

2. 基础

（1）落地式钢管脚手架地基部分必须平整夯实，需经方案设计验证地基承载力。立杆底部设置宽≥200mm、厚度≥50mm的脚手架板或其他刚性垫块，并设置排水沟，如图19.1-2～图19.1-4所示。

图 19.1-1　落地式钢管脚手架架体形象

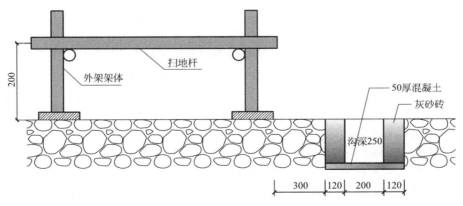

图 19.1-2　落地式钢管脚手架基础及排水沟做法详图

155

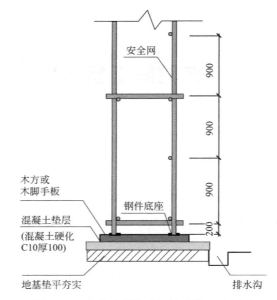

图 19.1-3 落地式脚手架基础设置示意图

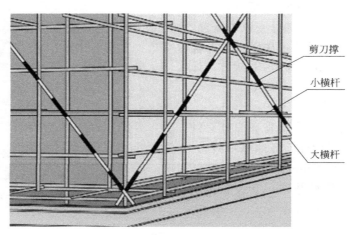

图 19.1-4 落地式脚手架基础设置效果图

（2）脚手架搭设必须设置纵横扫地杆。纵向扫地杆用直角扣件固定在距底座上皮大于200mm的立杆上，横向扫地杆用直角扣件固定在紧靠纵向扫地杆下方的立杆上。

（3）周边脚手架应从一个角部开始并向两边延伸圈搭设；"一"字形脚手架应从一段开始并向另一端延伸搭设；在设置第一排连墙件前，"一"字脚手架及边长≥20m的周边脚手架每隔6跨设置抛撑。

3. 连墙件

（1）连墙件必须采用刚性构件；连墙件必须分别与内外立杆连接，水平杆与预埋杆用十字扣件连接并加设防滑扣，如图 19.1-5 所示；尽可能靠近外架主接点与预埋杆根部，偏离主节点的距离不应大于 300mm，偏离预埋杆根部的距离不得大于 100mm，如图 19.1-6～图 19.1-8 所示。在装饰阶段边墙件影响施工而要拆除时，必须由施工工长提出书面申请报技术负责人批准，先补强后拆除，补强连墙件的强度不得小于拟拆除连墙件的强度。

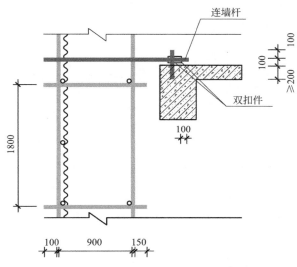

图 19.1-5　连墙件分别与内外立杆连接

图 19.1-6　连墙预埋件与架体连接

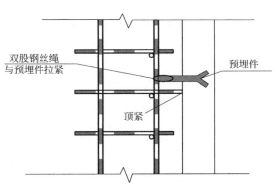

图 19.1-7　连墙件水平杆与架体拉接

（2）连墙件水平杆宜水平设置，当不能水平设置时，与脚手架连接的一端应下斜连接，禁止用上斜连接。

（3）脚手架的拐角处、开口型脚手架的两端、人货电梯的两侧必须设置连墙件，其垂直间距不应大于 3m。如楼层高度超过 3m，可采用抱柱或抛撑的方法进行加固。

4. 剪刀撑和横向斜撑

（1）剪刀撑搭设前必须在外架系统施工图中明确其布局，对每道剪刀撑的跨度

图 19.1-8　剪力墙上预埋连墙件与架体拉接

进行排版。要求绘制剪刀撑立面图。

（2）高度在 24m 以下的脚手架，必须在外侧立面的两端各设置一道剪刀撑，并应由底至顶连续设置。中间各道剪刀撑之间的距离不大于 15m。每道剪刀撑宽度不小于 4 跨，并不小于 6m。斜杆与地面的倾角宜在 45°～60°，如图 19.1-9 所示。

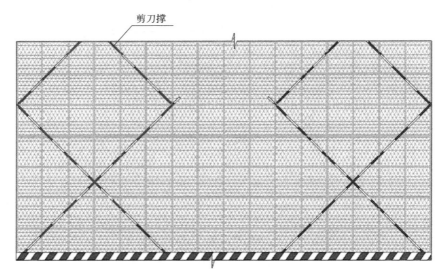

图 19.1-9　24m 以下外脚手架示意图

（3）24m 以上的双排脚手架应在外侧立面整个长度和高度上连续设置剪刀撑，如图 19.1-10 所示。

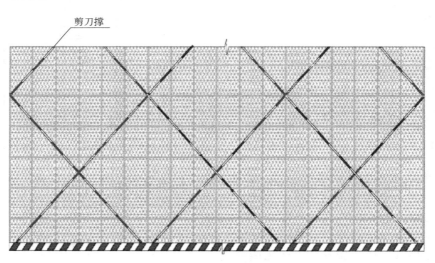

图 19.1-10　24m 以上外脚手架示意图

（4）一字形、开口型双排架两断口必须设置横向斜撑；24m 以上架体在架体拐角处及中间每六跨设置一道横向斜撑，如图 19.1-11 所示。

（5）剪刀撑斜杆的接长必须采用搭接，搭接长度不小于 1m，三个旋转。杆件伸出扣件边缘长度大于 100mm，高度在 24m 以下的脚手架，必须在外侧立面的两端各设置一道剪刀撑，并应由底至顶连续设置。中间各道剪刀撑之间的距离不大于 15m。每道剪刀撑宽度不小于 4 跨，并不小于 6m。斜杆与地面的倾角宜在 45°～60°。

5. 脚手板

（1）作业层脚手板应铺满；离墙面的距离不应大于 150mm。

（2）脚手板的连接形式分为对接或搭接，搭接大于 100mm，做法如图 19.1-12、图 19.1-13 所示。

（3）竹笆脚手板应对接平铺牢固。

（4）作业层端部脚手板探头长度＜150mm，其板的两端均应固定于支承杆件上。

6. 架体防护

作业层及作业层的下一层必须满铺脚手板，脚手板离建筑物结构的距离不应大于 150mm。落地架第二层，悬挑架（爬架）首层，中间层不超过 10m 且不超过三层，满铺一道硬质隔断防

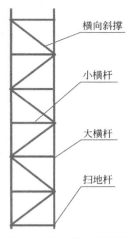

图 19.1-11　横向斜撑及大、小横杆扫地杆

护，并在两层硬防护的中间部位张挂水平兜网，水平兜网必须兜挂至建筑物结构，不超过 10m 设置一道。

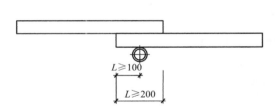

图 19.1-12　脚手板搭接示意图

图 19.1-13　脚手板应对接平铺牢固

19.1.2　悬挑脚手架

1. 架体形象

悬挑外架的警示带设于悬挑型钢的顶部，每隔一组或两组剪刀撑设置一道；悬挑工字钢刷红白相间油漆，尺寸同警示带，其余颜色同落地式脚手架。悬挑架工字钢顶部、侧面铺 18mm 厚木胶合板全封闭，如图 19.1-14 所示。

2. 架体搭设要求

（1）悬挑支承结构必须有专门设计计算，应保证有足够的强度、稳定性和刚度。一次悬挑脚手架高度不宜超过 20m。达到或超过 20m 时，方案需要经过专家论证。

（2）悬挑梁上应设置定位点，使架体底部立杆及卸载钢丝绳与悬挑梁连接牢靠，立杆定位点离悬挑梁端部不应小于 100mm。架体底部应设双向扫地杆，扫地杆距悬挑梁顶面 150～200mm。如图 19.1-15、图 19.1-16 所示。

图 19.1-14 悬挑外架的警示带设于悬挑型钢的顶部

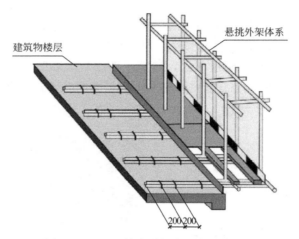

图 19.1-15 悬挑脚手架底座应用效果图

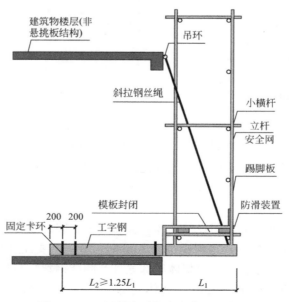

图 19.1-16 悬挑脚手架底座应用示意图

（3）脚手架外侧立面整个长度和高度上连续设置剪刀撑。

（4）架体结构在下列部位应自下而上连续设置边墙件和横向斜撑进行加强。

1）架体与外用电梯、物料提升机、卸料平台等设备或装置相交需要断开。

2）需要临时改架的位置或其他特殊部位。

（5）悬挑钢梁采用不小于16号工字钢为主挑梁，悬挑长度应按设计确定，结构外悬挑段长度不宜大于1.4m，建筑物内型钢锚固长度是外悬挑的1.25倍。工字钢采

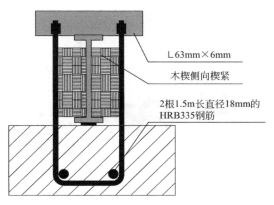

图19.1-17　固定卡环示意图

用不小于φ16钢丝绳斜拉，钢丝绳U形拉环使用不小于φ18圆钢，如图19.1-17所示，并经过计算。

（6）悬挑梁尾端应在两处以上固定于钢筋混凝土梁板结构上。U形钢筋拉环或锚固螺栓应预埋至混凝土梁、板底层钢筋位置，并应与混凝土梁、板底层钢筋焊接或绑扎牢固，其锚固长度应符合国家现行标准《混凝土结构设计规范》GB 50010中钢筋锚固的规定。

（7）当型钢悬挑梁与建筑结构采用螺栓压板连接固定时，压板尺寸不应小于100mm×10mm（宽×厚）；当采用螺栓角钢压板连接时，角钢的规格不应小于63mm×63mm×6mm。

（8）悬挑梁间距应按悬挑架架体立杆纵距设置，每一纵距设置一根，不得有立杆悬空如图19.1-18、图19.1-19所示。建筑转角处不便设置悬梁的位置可在相邻悬挑梁上加设横梁作为支撑，横梁与悬挑梁进行焊接固定，并按悬挑梁的要求在立杆下设置定位点。支撑横梁的悬挑梁型号须经计算确定，较其他悬挑梁额外增加一组钢丝绳与建筑物进行拉结，如图19.1-20所示。

图19.1-18　悬挑架第一步的内外处理

图19.1-19　应按悬挑架架体立杆纵距设置

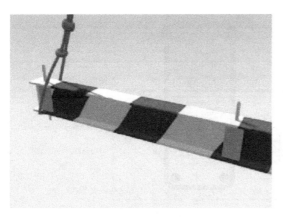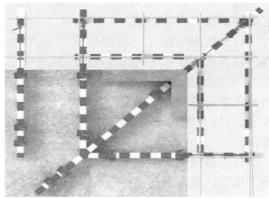

图 19.1-20　悬挑架对角处理、焊接及拉接

（9）悬挑架的防护应按要求进行防护。

（10）锚固位置在楼板上时，楼板厚度不宜小于 120mm。如果楼板的厚度小于 120mm 应采取加固措施，锚固型钢的主体结构混凝土强度等级不得低于 C20。

（11）悬挑脚手架除应满足悬挑架的特殊要求外，其余架体构造要求均按照落地式脚手架的相应规定执行。

19.1.3　悬挑式卸料平台

（1）卸料平台应根据规范和使用情况进行专项设计，用料、搭设尺寸和搭设方法应符合规范要求。

（2）平台周边搭设防护栏杆。立杆间距不大于 2000mm，上道水平杆高度为 1200mm，中道水平杆高度为 600mm，底部设置挡脚板，挡脚板高度为 200mm，栏杆和踢脚板表面刷红白色警示色。防护栏杆内侧钢板或模板如图 19.1-21 所示。

（3）卸料平台悬挑钢梁锚固段长度不小于 2000m。

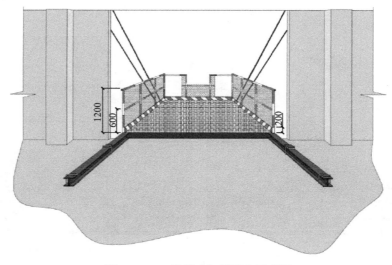

图 19.1-21　悬挑式卸料平台示意图

（4）平台围挡内挂卸料平台告示牌、限载。

19.1.4 附着升降式脚手架

（1）必须与具有相应资质的单位签订专业承包合同，专项施工方案应由专业承包单位编制审批，经总包单位审核并应组织专项论证。

（2）整体提升脚手架安装后，安装单位应进行自检。工程项目的监理单位、施工单位和安装单位的相关人员组成验收组，共同进行验收、签字，出具验收意见。

（3）每次升降前后，施工、安装单位必须对安全装置、保险设施、提升系统进行全面检查，符合要求并履行签字手续后，方可作业使用。如图 19.1-22、图 19.1-23 所示。

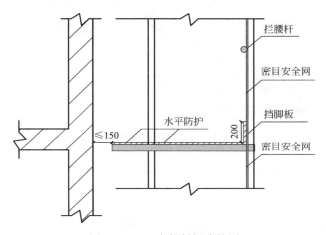

图 19.1-22　底部封闭防护图

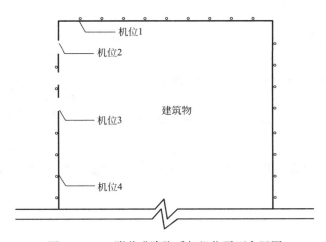

图 19.1-23　附着升降脚手架机位平面布置图

19.2　基坑工程

（1）开挖深度超过 2m 的基坑周边必须安装防护栏杆，防护栏杆高度不应低于 1.2m，并设置警示牌，如图 19.2-1 所示。

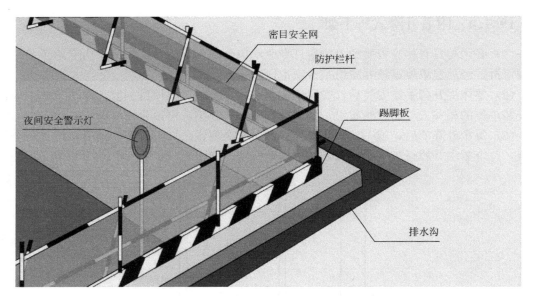

图 19.2-1　基坑临边防护效果图

（2）防护栏杆应由横杆及立杆组成，横杆应设置上、中、下共 3 道，下杆离地高度宜为 0.1m，中间杆离地 0.7m，上杆离地高度宜为 1.2m；立杆间距不宜大于 2.0m，立杆离坡边距离宜大于 0.5m，如图 19.2-2 所示。

（3）防护栏杆宜加挂密目安全网和挡脚板。安全网应自上而下封闭设置，挡脚板高度不应小于 180mm，挡脚板下沿离地高度不应大于 10mm。防护栏杆的立杆、水平杆、挡脚板应刷黄黑相间@400 的警示色油漆，挡脚板应刷@150 的警戒色油漆如图 19.2-2 所示。

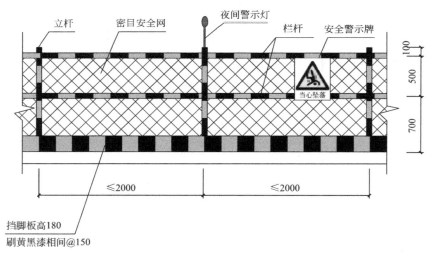

图 19.2-2　基坑临边防护立面图

（4）基坑的临边应设置排水沟和集水坑。排水沟沟底宽不宜小于 0.3m，坡度不宜小于 0.1%；集水坑宽度不宜小于 0.6m，间距不宜大于 30m，其底面与排水沟沟底高差不宜小于 0.5m，如图 19.2-3 所示。

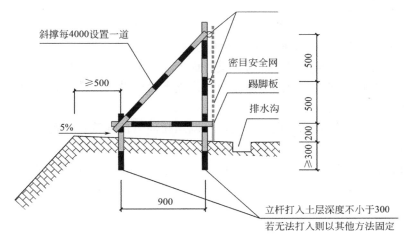

图 19.2-3　基坑临边防护剖面图

（5）基坑开挖深度超过 5m 或开挖深度未超过 5m，但地质条件、周围环境复杂的基坑工程，必须编制安全专项施工方案，还应组织专家进行论证。

（6）基坑内宜设置供施工人员上下的专用斜道，数量不应少于 2 个。

（7）斜道应设扶手栏杆，斜道的宽度不应小于 1m，斜道坡度宜为 1∶3，平台宽度不得小于斜道宽度。斜道宜设置踏步板，如图 19.2-4 所示。

（8）斜道底部应设材料封闭，并根据斜道的搭设长度沿宽度方向搭设垂直剪刀撑。

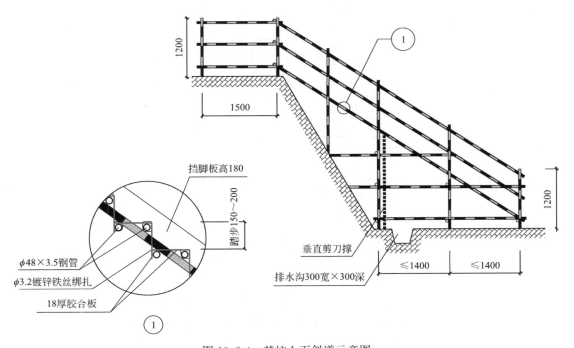

图 19.2-4　基坑上下斜道示意图

19.3 模板工程

（1）当支架高度超过 3.6m 时，应使用钢管及扣件搭设。

（2）支架的支承面为楼面或屋面时，支承面下应加支顶，应根据实际荷重对该支承面进行荷载验算，以确定支架下传的荷载是否超出支承面的设计活荷载，进而确定需要支顶的层数，但至少支顶 1 层。

（3）可调底座伸出长度符合规范规定，可调顶托伸出长度符合规范规定，顶托杆直径不得小于 36mm。

（4）立杆接长严禁搭接，必须采用对接扣件连接，相邻两立杆的对接接头不得在同步内，且对接接头沿竖向错开的距离不宜小于 500mm，各接头中心距主节点不宜大于步距的 1/3，如图 19.3-1 所示。

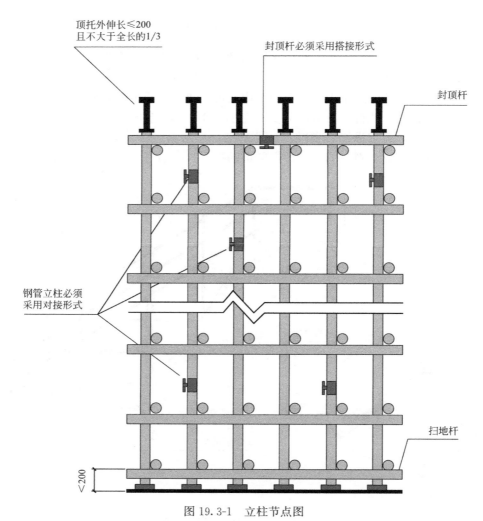

图 19.3-1　立柱节点图

（5）在立柱底距地面200mm高处，沿纵横水平方向应按纵下横上设扫地杆。

（6）满堂模板和共享空间模板支架立柱，在外侧周圈应设由下至上的竖向连续式剪刀撑；中间在纵横向应每隔10m设由下至上的竖向连续式剪刀撑，其宽度宜为4～6m，并在剪刀撑部位的顶部、扫地杆处设置水平剪刀撑。剪刀撑杆件的底端应与地面顶紧，宜为45°～60°。

19.3.1 一般模板工程

（1）模板工程必须编制专项施工方案，并按规定进行审核、审批。

（2）一般模板管理程序：编制方案→审查方案→批准方案→技术交底→执行方案→检查监控→整架验收→使用监控。

（3）模板支架剪刀撑等搭设符合规范规定，如图19.3-2所示。

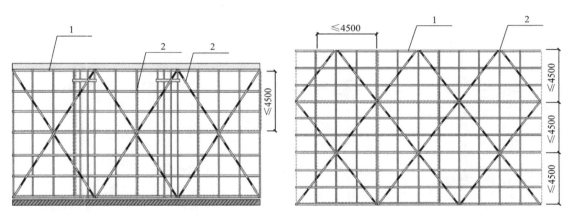

图 19.3-2　一般模板支架剪刀撑示意图
1—水平剪刀撑；2—竖直剪刀撑

19.3.2 高大模板工程

（1）搭设高度8m及以上，搭设跨度18m及以上，施工总荷载15kN/m² 及以上，集中线荷载20kN/m 及以上的高大模板专项施工方案必须组织专家进行论证。

（2）高大模板验收采用《建筑施工模板及作业平台钢管支架构造安全技术规范》DB45/T 618—2009 相应表格。

（3）高大模板管理程序：编制方案→初审方案→专家论证→修改方案→批准方案→技术交底→执行方案→检查监控→整架验收→使用监控。

（4）支架剪刀撑等搭设符合规范规定，如图19.3-3所示。

19.3.3 抱柱装置

按《建筑施工模板安全技术规范》JGJ 162—2008 设置抱柱装置，如图19.3-4所示。

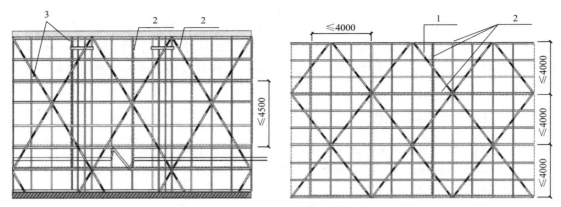

图 19.3-3　高大模板支架剪刀撑示意图

1—水平剪刀撑；2—竖直剪刀撑；3—加密水平剪刀撑

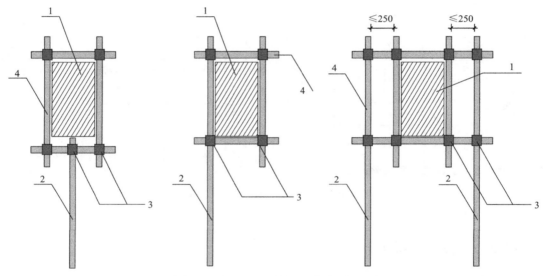

图 19.3-4　抱柱示意图

1—混凝土柱；2—支架的水平杆；3—扣件；4—抱柱箍

19.4　施工临时用电

19.4.1　临时用电系统

（1）施工临时用电必须采用 TN-S 系统，符合"三级配电，二级保护"，达到"一机、一闸、一漏、一箱"要求。电箱设置、线路敷设、接零保护、接地装置、电气连接、漏电保护等各种配电装置应符合规范要求，如图 19.4-1 所示。

（2）外电线必须按照规范进行防护。

（3）电工人员必须持证上岗，施工现场应配备必要的电气测试仪器，电工必须每天巡回检查，并做好检查维修记录。

（4）临时用电必须满足《施工现场临时用电安全技术规范》JGJ 46—2005 的要求。

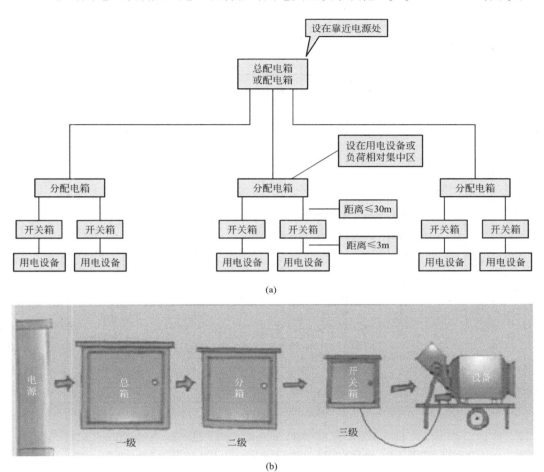

(a)

(b)

图 19.4-1　采用 TN-S 系统，符合"三级配电，二级保护"要求

19.4.2　保护接地和防雷接地

（1）TN-S 系统中保护零线除必须在配电室或总配电箱处做重复接地外，还必须在配电系统的中间处和末端处做重复接地，接地电阻值不大于 10Ω，电力变压器或发电机的工作接地电阻值不大于 4Ω，如图 19.4-2 所示。

（2）重复接地宜采用角钢、钢管或光滑圆钢，不得采用螺纹钢。

（3）接地体上的接线端子处宜采用螺栓焊接。接地线与接地端子的连接处宜采用铜鼻压接、不得直接缠绕。保护零线必须采用绿黄双色线，不得采用其他线色代替。

（4）施工现场内的起重机、井字架等机械设备，以及钢脚手架和正在施工的在建工程等金属结构，当在相邻建筑物、建筑物的防雷装置接闪器的保护范围以外时，应按规范安装防雷装置。

（5）防雷接地机械上的电气设备所接的 PE 线须同时做重复接地，同一台机械电器的

169

重复接地和机械的防雷接地可共用同一接地体，接地电阻应符合重复接地电阻值的要求。

（6）所有用电设备的金属外壳，必须与保护零线可靠连接。

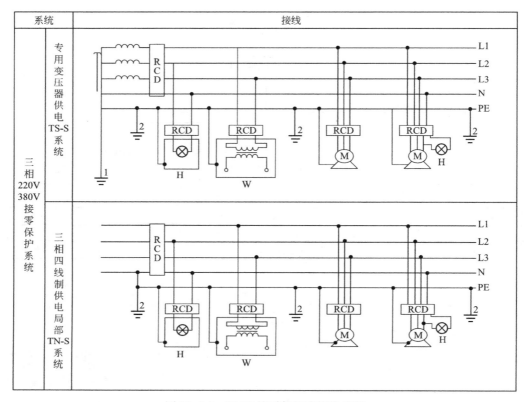

图 19.4-2　TN-S 接零保护系统接线图
L1、L2、L3—相线；N—工作零线；PE—保护零线、保护线；1—工作接地；
2—重复接地；RCD—漏电保护器；H—照明器；W—电焊机；M—电动机

19.4.3　外电线路及电气设备防护

（1）外电线路与在建工程及脚手架、起重机械、场内机动车道之间应设置警示标志。当外电线路与在建工程、机动车道或起重机械达不到安全距离时，必须采取绝缘防护措施，如图 19.4-3 所示。

（2）在建工程不得在外电架空线路正下方施工、搭设作业棚、建造生活设施或堆放构件、架具、材料及其他杂物。

（3）外电防护采用绝缘体材料搭设防护架，防护设施应坚固。

（4）电气配电箱及电气设备周围不得存放易燃、易爆物、污染源和腐蚀性介质；电气设备设置场所应能避免物体打击和机械损伤，否则需做总箱及分配电箱防护。

19.4.4　接地与接零保护系统

（1）配电系统必须采用同一保护接零接地系统。

在 TN-S 接零接地保护系统中，通过总漏电保护器的工作零线（N）与保护零线

170

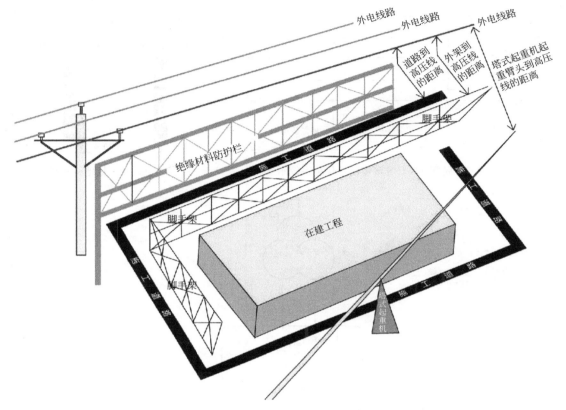

图 19.4-3　外电线路安全距离

（PE）之间不得再做电气连接；PE 线上严禁装设开关或熔断器，严禁通过工作电流，且严禁断线；电气设备必须接保护零线（PE）；垂直接地体可以是角钢或是钢管或光面圆钢，不得采用螺纹钢，如图 19.4-4～图 19.4-7 所示。

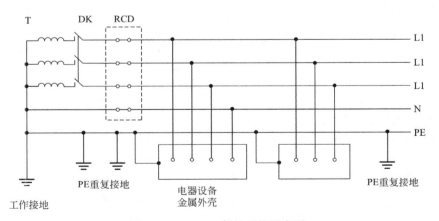

图 19.4-4　TN-S 保护系统示意图

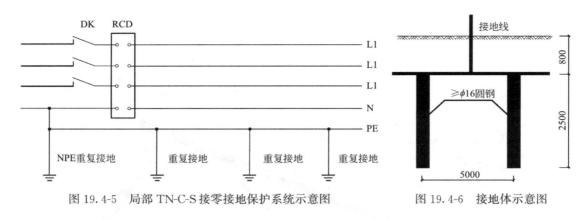

图 19.4-5 局部 TN-C-S 接零接地保护系统示意图

图 19.4-6 接地体示意图

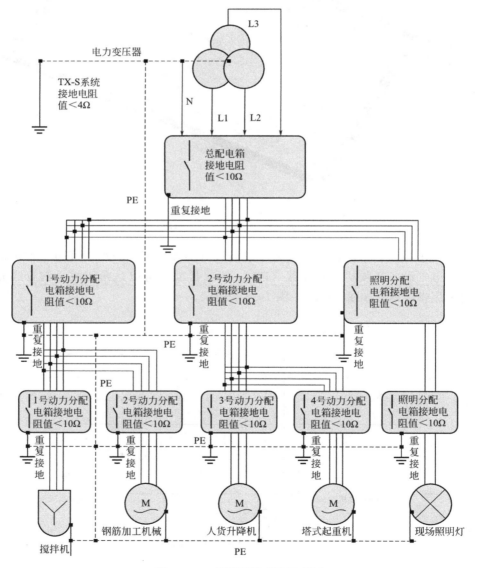

图 19.4-7 接零保护系统示意图

（2）强制要求：做防雷接地机械上的电气设备，所有连接的 PE 线必须同时做重复接地，同一台机械的电气设备重复接地和机械防雷接地，可共用同一接地体，但是接地电阻应符合重复接地电阻值的要求。

19.4.5 线路敷设

（1）基础施工阶段从总配电箱引至分配电箱的线路宜采用架空布置，架空线路必须架设在专用电杆上，架空线路绝缘铜线截面积不得小于 $10mm^2$，绝缘铝线不得小于 $16mm^2$。若架空线路在塔式起重机覆盖范围内需采用绝缘材料做防护棚。架空线路须有过载短路保护。

（2）基础及地下室施工完毕并回填后的线缆宜采用埋地敷设。从地下室引至楼层上利用主体电缆竖井垂直引上再接至各分配箱。

（3）电缆线路应采用埋地或架空敷设，严禁电缆沿地明敷设、沿脚手架、树木等敷设或敷设不符合规范。电缆中必须包含全部工作芯线和作为保护零线或保护线的芯线。需要三相四线制配电的电缆线路必须采用五芯电缆。五芯电缆必须包括含淡蓝、绿黄双色绝缘芯线，淡蓝色芯线必须用作 N 线，绿黄双色芯线必须用作 PE 线，严禁混用，如图 19.4-8 所示。

（4）室内配线必须有短路保护和过载保护，室内明敷主线距地不小于 2.5m，配线必须采用绝缘导线或电缆。

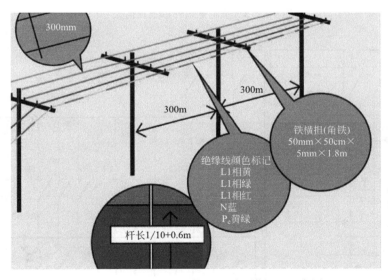

图 19.4-8　动力和照明敷设在同一横担上示意图

19.4.6 总配电箱电气系统

（1）总配电箱尺寸应能满足设备安装需要，总配电箱内隔离开关设置于电源进线端，能同时断开电源所有极的隔离电器，采用分断时具有可见分断点的断路器，可不另设隔离开关，如图 19.4-9、图 19.4-10 所示。

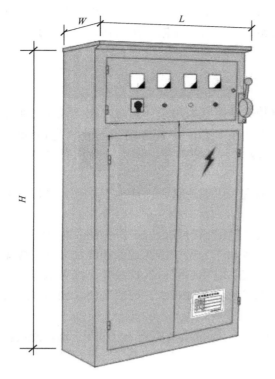

总配电箱系列尺寸(mm)

序号	系列编号	长(L)	宽(W)	高(H)	厚度
1	ZP1	900	380	1750	1.5
2	ZP2	1100	380	1750	1.5
3	ZP3	850	550	2000	1.5
4	ZP3+	850	550	2000	1.5
5	ZP4	850	550	2000	1.5
6	ZP5	800	380	1750	1.5
7	ZP6	1000	380	1750	1.5
8	ZP7	850	380	1750	1.5

图 19.4-9　总配电箱外形及几何尺寸

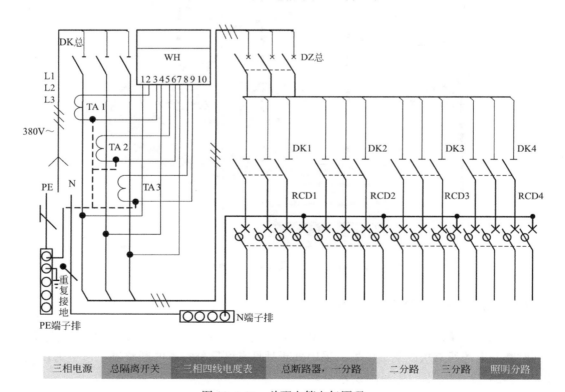

图 19.4-10　总配电箱电气原理

174

（2）漏电保护器宜设置在分路上，总路安装断路器。同一配电箱内不应串接两级漏电保护器，总箱中漏电保护器额定漏电电流与漏电动作时间的乘积不应＞30mA·s。

（3）箱内的连接线必须采用铜芯绝缘导线，导线分支接头不得采用螺栓压接，应采用焊接并做绝缘包扎，不得外露带电部分，电能计量时，负荷电流大于50A时必须装设电流互感器，其二次回路必须与保护零线有一个连接点，且严禁开路。

（4）连接的相线应采用黄、绿、红色的绝缘铜芯导线表示A、B、C相，N线采用淡蓝色绝缘铜线，PE线采用多股黄绿双色绝缘铜线。

（5）电气安装板必须分设N线端子排和PE线的端子排。金属箱门与金属箱体必须通过编织软铜线做电气连接。

（6）各电器的额定容量根据施工组织设计的计算负荷容量确定。

19.4.7　分配电箱电气系统

（1）分配电箱如安装漏电保护器宜设置在分路上，总路安装断路器，如图19.4-11～图19.4-14所示。

（2）电气安装板必须分设N线端子排和PE线的端子排，进出线中的N线必须与N端子排相连接；PE线必须通过PE端子排连接。

（3）电器安装的尺寸选择值：

1）并列电器安装间距不小于30mm；2）电器进出线绝缘管孔与电器边沿间距不小于80mm；3）上下排电器进出线绝缘管孔间距为25mm；4）电器进出线绝缘管孔至板边的距离为40mm；5）电器至板边的距离为40mm。

（4）当分配电箱内开关电器较多，而分配电箱体积又容纳不下时，不允许将该箱其中一个分路开关分设在另外一个电箱内。

（5）各电器的额定容量根据施工组织设计的计算负荷容量确定。

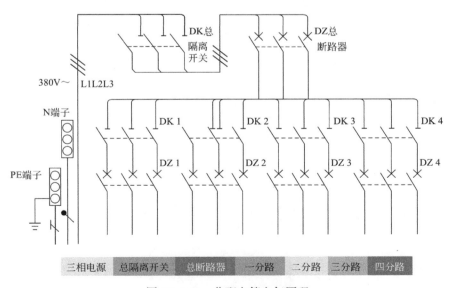

图19.4-11　分配电箱电气原理

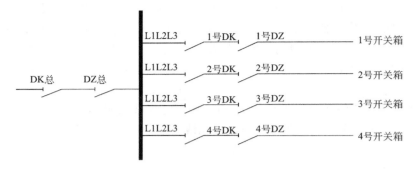

图 19.4-12 分配电箱系统

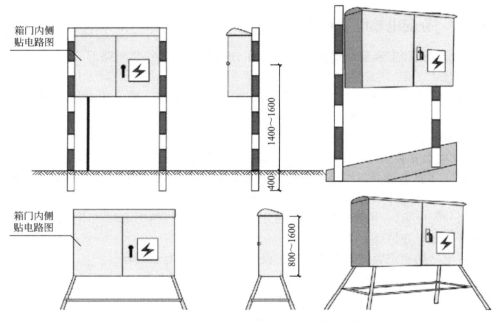

图 19.4-13 固定式和移动式分配电箱效果图

图 19.4-14 分配电箱

19.4.8 开关箱电气系统

（1）在开关箱中使用的漏电断路器，有 3P 和 4P 之分，有两种开关箱。

（2）照明开关箱应遵循《施工现场临时用电安全技术规范》JGJ 46—2005 的相关要求，一般场所宜选用额定电压 220V 的照明器，做到动照分离设立开关箱，如图 19.4-15 所示。

（3）每台设备必须有各自的专用开关箱，严禁用同一个开关箱直接控制 2 台及 2 台以上的用电设备（含插座）。

（4）开关箱中漏电断路器的额定漏电动作电流不应大于 30mA，额定漏电动作时间不应大于 0.1s。使用于潮湿或有腐蚀介质场所的漏电保护器应采用防溅型产品，其额定漏电动作电流不应大于 15mA，额定漏电动作时间不应大于 0.1s。

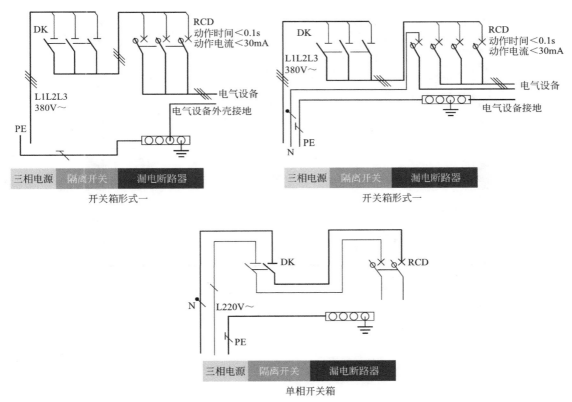

图 19.4-15　三相及单开关箱电气原理

19.4.9 楼层配电

（1）一般场所使用额定电压 220V 的照明器，应遵循动力和照明分离原则，设立照明专用开关箱。

（2）人防工程、高温、有导电灰尘、比较潮湿或灯具离地面高度低于 2.5m 等场所的照明，电源电压不应大于 36V。

（3）潮湿和易触及带电体场所的照明，电源电压不得大于 24V。

（4）特别潮湿场所、导电良好的地面、锅炉或金属容器内的照明，电源电压不得大于 12V。

（5）照明变压器必须使用双绕组型安全隔离变压器，严禁使用自耦变压器。

（6）地下室照明必须使用 36V 安全电压，楼梯间的临时照明灯具安装在休息平台台板底下，引上线需穿套管保护，施工现场应按规范要求配备应急照明，如图 19.4-16 所示。

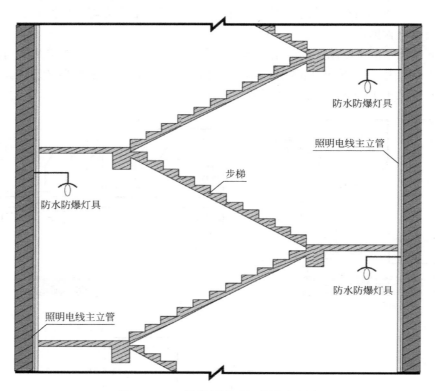

图 19.4-16　楼梯间照明灯敷设示意图

20 建筑节能与绿色施工

>>>

　　绿色建筑和绿色施工不只是口号，也不只是学术概念，而是建设领域发展趋势，兰州市目前已实行新建建筑全面执行绿色施工验收程序。推行绿色施工就是要从根本上转变传统的施工观念，坚持可持续发展的理论与实践。强化意识、关注细节、提供保障、促进和谐，是推动绿色建筑和绿色施工发展的关键。

20.1 明确主要目标任务

　　（1）甘肃省住房和城乡建设厅于 2017 年 7 月 11 日印发《关于进一步推进建筑节能与建筑发展的通知》（甘建科〔2017〕296 号），其中明确了"十三五"时期建筑节能和绿色建筑的主要目标任务。

　　（2）"十三五"时期甘肃省建筑节能和绿色建筑的主要目标任务是：

　　1）城镇新建建筑设计和施工阶段 100％执行建筑节能强制性标准。2017 年年底城镇新建绿色建筑竣工面积占城镇新建建筑竣工面积比例要达到 32％以上，到 2020 年要达到 50％以上。2020 年前基本完成具有改造价值的城镇既有居住建筑的节能改造。探索开展公共建筑节能改造试点。逐步扩大可再生能源应用规模。加强建筑能耗监测平台建设管理，继续开展民用建筑能耗统计，探索开展公共建筑能源审计、能效公示。

　　2）进一步扩大绿色建筑标准执行范围，自 2017 年 8 月 1 日起，我省辖区范围内新建公共建筑、新建棚户区改造工程（镇除外）、新建 10 万 m² 及以上的住宅小区、各类建设科技示范工程全面执行绿色建筑标准；政府投资的国家机关、学校等公益性建筑须达到高星级绿色建筑标准。鼓励商业房地产开发项目、工业建筑、有条件的镇在棚户区改造工程等项目中积极采用绿色建筑标准。

　　（3）绿色建筑应从规划管理、建筑设计、施工建设、竣工验收、监督管理抓起。从自己做起、从现在做起。

　　1）规划管理环节。各级城乡规划主管部门应充分考虑资源环境、气候条件、建筑特点等，严格执行绿色建筑所涉及规划管理阶段的有关要求，加强和改进城市控制性详细规划编制工作，完善绿色建筑发展要求，引导各项目落实绿色建筑控制指标。

　　2）建筑设计环节。设计单位要严格执行建筑节能和绿色建筑政策要求、标准，设计文件中应分别编制建筑节能、绿色建筑专篇。施工图审查单位要严格按照《严寒和寒冷地区居住建筑节能设计标准》JGJ 26、《夏热冬冷地区居住建筑节能设计标准》JGJ 134、《公共建筑节能设计标准》GB 50189、《民用建筑绿色设计规范》JGJ/T 229、《绿色居住建筑设计标准》DB62/T25-3090、《公共建筑绿色设计标准》DBJ 61/T 80 等现行技术标准以及《甘肃省绿色建筑施工图审查要点（试行）》进行审查，未按照建筑节能、绿色建筑标准设计或达不到标准要求的，应要求设计单位补充完善。对施工图审查机构上报的备案材料，建设行政主管部门要严格审查建筑节能和绿色建筑标准相关内容。

维护设计文件的严肃性，杜绝随意变更，任何单位不得降低建筑节能和绿色建筑设计标准。设计单位应规范设计变更行为，对涉及建筑节能和绿色建筑设计内容的，原则上不得变更；确需设计变更的，应由原施工图审查机构审查是否符合规范标准要求，经监理单位、建设单位签认。

3）施工建设环节。施工单位要按《建筑节能工程施工质量验收标准》GB 50411、《绿色建筑施工与验收规范》DB62/T25-3081 等现行标准分别编制建筑节能和绿色建筑专项施工技术方案，并严格履行报批程序，严格执行。监理单位应严格审查建筑节能、绿色建筑专项施工技术方案并严格监理，认真核查工程材料质量证明文件，按相关规定对建筑节能及绿色建筑涉及的工程材料进行见证取样复验。建设单位、施工单位应在合同中明确约定材料采购责任，按照"谁采购、谁负责"原则，保证材料符合设计要求。严格按规范要求进行建筑节能工程现场实体检验。

4）验收环节。严格按照《建筑节能工程施工质量验收标准》GB 50411、《绿色建筑施工与验收规范》DB62/T25-3081 和《甘肃省绿色建筑工程验收表格试行》等现行标准和表格进行项目验收。建设行政主管部门要强化建筑节能和绿色建筑的验收监管，在绿色建筑项目竣工备案时，应当查验《甘肃省绿色建筑工程验收表格（试行）》，达到合格。

（4）绿色建筑专项施工方案编写内容：

1）绿色建筑施工前，施工单位应编制绿色建筑施工方案，方案的内容应包括施工过程节地、节能、节水、节材和环境保护，施工人员职业健康安全管理计划和实施措施，方案由项目技术负责人编写，经施工单位总工程师、项目总监理工程师、建设单位项目负责人签字认可后，方可组织实施。

2）绿色建筑施工前，建设单位应组织设计单位、施工单位、监理单位及其他参与单位对设计文件进行会审和专项交底，会审时要注重审查绿色建筑在节地、节能、节水、节材和环境保护方面的设计内容是否符合相关要求，必要时应优化设计。设计交底应以保障绿色建筑各项设计性能为重点内容进行。

3）绿色建筑施工应因地制宜，结合建筑所在地域的气候、环境、资源、经济及文化等特点进行。

（5）认真执行绿色建筑验收程序：

1）早在 2016 年 10 月 26 日，甘肃省住房和城乡建设厅印发《甘肃省绿色建筑工程验收表格（试行）》。兰州市已率先开展绿色建筑验收工作。

2）认真学习甘肃省民用绿色建筑工程验收表全部内容，逐条对照检查，自我打分，寻找差距，认真改进。

3）绿色建筑验收前提是通过绿色建筑施工图审查或取得绿色建筑设计评价标识。

4）绿色建筑工程验收由建设单位组织，相关单位参与，地方建设行政主管部门现场督导，验收通过后，形成具有各方签字的明确验收意见。

5）绿色建筑工程验收与单位工程验收可同步进行。之前完成的工程验收项目，可按照甘肃省绿色建筑工程验收表格进行绿色建筑工程补充验收。

（6）甘肃省民用绿色建筑工程验收表，如表 20.1-1～表 20.1-4 所示。

绿色建筑工程验收表

表 20. 1-1

工程名称				地址			
结构类型			层数		建筑面积		
施工许可证编号				施工图审查合格证书编号			
绿色建筑工程内容验收结果				绿色建筑工程施工管理验收结构			
						地基与基础 主体结构	装饰装修与 机电安装
控制项				基本条件		_____符合要求	
评分项	建筑		验收__项,符合__项	控制项		___符合要求	___符合要求
	结构		验收__项,符合__项				
	给水排水		验收__项,符合__项				
	暖通		验收__项,符合__项				
	电气		验收__项,符合__项				
提高与创新验收项		符合____项		提高与创新验收项		/	
得分 Q1				得分 Q2			
综合得分 Q							
验收意见		依据《关于印发〈甘肃省绿色建筑工程验收表格〉(试行)的通知》(甘建科〔2016〕361 号)邀请相关专家,对_____(项目名称)进行绿色建筑工程验收,经查验,本项目控制项内容、施工管理基本条件全部符合要求,绿色建筑工程验收综合得分____分,____(通过/不通过)验收。 　　　　　　　　　　　　　　　　　　　　年　　月　　日						
验收单位及 负责人(签章)	建设单位				负责人		
	设计单位				负责人		
	施工单位				负责人		
	监理单位				负责人		
专家签字							
建设行政主管 部门(签章)							

工程名称			验收日期		
专业	序号	内容	设计	竣工	备注
建筑	※	建筑造型要素简约,无大量装饰性构件			
	※	建筑设计符合国家现行相关建筑节能设计标准中强制性条文的规定			
	※	屋顶和东、西外墙隔热性能应满足现行国家标准《民用建筑热工设计规范》GB 50176 的要求			
	※	不采用国家和地方禁止和限制使用的建筑材料及制品			
	1	建筑平面、空间布局合理,没有明显的噪声干扰			
	2	场地内合理设置绿化用地,且绿地率不低于 30%			
	3	场地与公共交通设施具有便捷的联系			
	4	场地周边有便利的公共设施服务			
	5	场地内人行道采用无障碍设计			
	6	合理设置停车场所			
	7	合理开发利用地下空间			
	8	建设设计避免产生光污染			
	9	优化建筑空间、平面布局和构造设计,改善自然通风效果: (1)居住建筑:通风开口面积与房间地板面积的比例在夏热冬冷地区达到8%,在严寒、寒冷地区达到 5%,或设有明卫; (2)公共建筑:在过渡季典型工况下,主要功能房间平均自然通风换气次数不小于 2 次/h 的面积比例不低于 60%			
	10	玻璃幕墙透明部分可开启面积比例达到 5%			
	11	外窗可开启面积比例达到 30%			
	12	采取可调节遮阳措施,外窗和幕墙透明部分中,有可控遮阳调节措施的面积比例不低于 25%			
	13	建筑主要功能房间具有良好的户外视野: (1)居住建筑:其与相邻建筑的直接间距超过 18m; (2)公共建筑:其主要功能房间能通过外窗看到室外自然景观,无明显视线干扰			
	14	主要功能房间的采光系数满足现行国家标准《建筑采光设计标准》GB 50033 的要求: (1)居住建筑:卧室、起居室的窗地面积比达到 1/6; (2)公共建筑:主要功能房间采光系数满足现行国家标准《建筑采光设计标准》GB 50033 要求的面积比例不低于 60%			

专业	序号	内容	设计	竣工	备注
建筑	15	建筑主要功能房间有合理的控制眩光措施			
	16	建筑内区采光系数满足采光要求的面积比例达到60％			
	17	建筑地下空间平均采光系数不小于0.5％的面积与首层地下室面积的比例不低于10％			
	18	土建工程与装修工程一体化设计、施工			
	19	采用可再利用材料和可再循环材料： (1)住宅建筑：可再利用材料和可再循环材料用量比例达到6％； (2)公共建筑：可再利用材料和可再循环材料用量比例达到10％			
	20	使用以废弃物为原料生产的建筑材料占同类建材的用量比例达到30％			
	21	合理采用清水混凝土			
	22	合理采用耐久性好，易维护的外立面材料			
	23	合理采用耐久性好，易维护的室内装饰装修材料			
	24	公共建筑中可变换功能的室内空间采用可重复使用的隔断(墙)的比例不小于30％			
	25	采用建筑节能其他有效措施("备注"需注明措施内容或相关参数)			
结构	26	建筑内区采光系数满足采光要求的面积比例达到60％			
	27	建筑地下空间平均采光系数不小于0.5％的面积与首层地下室面积的比例不低于10％			
	28	土建工程与装修工程一体化设计、施工			
	29	混凝土结构采用40MPa级以上的钢筋占受力普通钢筋的比例不小于75％			
	30	混凝土结构采用C50及以上混凝土用量占竖向承重结构中混凝土总量的比例不低于50％			
	31	钢结构采用Q345及以上高强钢材用量占钢材总量的比例不低于50％			
	32	采用高耐久性建筑结构材料			
	33	采用节材或其他有效措施("备注"措施内容或相关参数)			
给水排水	※	采用用水效率等级达到3级及以上节水器具			
	34	按使用用途设置用水计量装置			
	35	给水系统用水点压力不大于0.3MPa			
	36	空调设备或系统采用节水冷却技术			
	37	采用同层排水或其他降低排水噪声的措施			
	38	设置雨水利用基础设施			
	39	设置非传统水源利用设施			
	40	采用其他节水技术或措施			

专业	序号	内容	设计	竣工	备注
暖通	※	不采用电直接加热设备作为供暖空调系统的供暖热源和空气加湿热源			
	41	供暖空调系统的冷、热源机组能效均优于现行国家标准《公共建筑节能设计标准》GB 50189 的规定以及现行有关国家标准能效限定值的要求			
	42	集中供暖系统热水循环泵的耗电输热比和通风空调系统风机的单位风量耗功率符合现行国家标准《公共建筑节能设计标准》GB 50189 等的有关规定,且空调冷热水系统循环水泵的耗电输冷(热)比现行国家标准《民用建筑供暖通风与空气调节设计规范》GB 50736 规定值高 20%			
	43	有降低过渡季节供暖、通风与空调系统能耗的措施			
	44	有降低部分负荷、部分空间使用下的供暖、通风与空调系统能耗的措施			
	45	设置排风能量回收系统			
	46	采用蓄冷蓄热系统			
	47	合理利用余热废热解决建筑的蒸汽、供暖或生活热水需求			
	48	利用可再生能源供暖或提供生活热水			
	49	供暖空调系统末端现场可独立调节,供暖、空调末端装置可独立启停的主要功能房间数量比例不低于 70%			
	50	采用暖通节能或其他有效措施("备注"需注明措施内容或相关参数)			
电气	※	冷热源、输配系统或照明等设置独立分项计量			
	51	合理选用变压器,且三相配电变压器满足现行国家标准《电力变压器能效限定值及能效等级》GB 20052 的节能评价值要求			
	52	选用的水泵、风机等设备,以及其他电气装置满足相关现行国家标准的节能评价值要求			
	53	合理选用电梯或自动扶梯,并采取电梯群控、扶梯自动启停等节能控制措施			
	54	走廊、楼梯间、门厅,大堂、大空间、地下停车场等场所的照明系统采取分区控制措施			
	55	公共区域照明系统采取定时、感应等节能控制措施			
	56	主要功能房间中人员密度较高且随时间变化大的区域设置二氧化碳浓度监控系统,实现数据采集、分析、并与通风系统联动			
	57	主要功能房间中人员密度较高且随时间变化大的区域设置室内空气质量监控系统,实现室内污染物浓度超标实时报警,并与通风系统联动			
	58	地下车库设置与排风设备联动的一氧化碳浓度监测装置			
	59	利用可再生能源发电比例低于 2%			
	60	采用电气节能或其他有效措施("备注"需注明措施内容或相关参数)			

注:1. 项目实施的打"√",未实施的打"×",不符合项目内容验收的打"—",不符合本项目验收的条款应说明具体理由;

2. "※"为现场考核必检项目;

3. "备注"主要写明本项验收依据或重要参数。

工程名称		验收日期		
序号	内容	设计	竣工	备注
1	围护结构热工性能比国家现行相关建筑节能设计标准的规定高 20%			
2	供暖空调系统的冷、热源机组能效均优于现行国家标准《公共建筑节能设计标准》GB 50189 的规定以及现行有关国家标准能效节能评价值的要求			
3	采用分布式热电冷联供技术			
4	卫生器具的用水效率均达到国家现行有关卫生器具用水效率等级标准规定的 1 级			
5	采用钢结构、木结构，或者预制构件用量比例不小于 60%			
6	对主要功能房间采取有效的空气处理措施			
7	室内空气中的氨、甲醛、苯、总挥发性有机物、氡、可吸入颗粒物等污染物浓度不高于现行国家标准《室内空气质量标准》GB/T 18883 规定限制的 70%			
8	选用废弃场地进行建设，或充分利用尚可使用的旧建筑			
9	应用建筑信息模型（BIM）技术			
10	进行建筑碳排放计算分析，采取措施降低单位建筑面积碳排放强度			
11	采取节约能源资源、保护生态环境、保障安全健康的其他创新			
12	设计图纸中未说明，施工中有体现有关绿色建筑的技术措施（"备注"需注明技术措施内容或相关参数）			

注：1. 项目实施的打"√"，未实施的打"×"，不符合本项目内容验收的打"—"，不符合本项目内容验收的条款应说明具体理由；
　　2. "提高与创新验收项目"设计和施工均不做硬性要求，若满足某一项，则按照满足评分项的两项进行分值计算；
　　3. "备注"主要写明本项验收依据或重要参数。

表 20.1-4

绿色建筑工程施工管理验收表
(1) 施工管理验收基本条件

工程名称					验收日期	
序号	内容	验收记录				备注
1	是否建立绿色建筑项目施工管理体系和制度,并签订目标责任书					
2	是否制订施工全过程的环境保护计划,并组织实施					
3	是否制订施工人员职业健康安全管理计划,并组织实施					
4	设计文件中的绿色建筑重点内容是否进行专项交底					
5	安全措施及文明施工是否符合相关要求					

（2）施工管理验收记录——地基与基础、主体工程

工程名称			验收日期	
序号	内容	验收记录		
※	没有降低绿色建筑相关指标的重大设计变更			
1	有有效的降尘、降噪措施和记录			
2	制订并实施施工废弃物减量化、资源化计划			
3	制定施工节能和用能方案，并有相关监测和能耗记录			
4	制定施工节水和用水方案，并有相关监测和水耗记录			
5	采用本地生产的建筑材料			
6	现浇混凝土采用预拌混凝土			
7	预拌混凝土的损耗小于 1.5%			
8	采用预拌砂浆			
9	预拌砂浆损耗小于 5%			
10	钢筋采用工厂化加工			
11	采用工具式定型模板和相应的支撑体系			
12	施工现场合理使用废弃场地			
13	施工临时建筑尚可使用的旧建筑充分利用可使用的旧建筑			
14	施工日志中有绿色建筑设计内容实施情况的记录			
符合项数统计			验收___项，符合___项	

注：1. 符合项打"√"，不符合项打"×"，不适合本项目验收的条款打"—"，不适合本项目验收的条款需说明具体理由；
2. "※"为现场考核必检项目；
3. "备注"主要写明本项验收依据或重要参数。

187

(3) 施工管理验收记录——装饰装修与机电安装工程

工程名称				验收日期
序号	内容	验收记录		
※	室内空气中的氡、甲醛、苯、总挥发性有机物、氨等污染物浓度应符合现行国家标准《室内空气质量标准》GB/T 18883 的有关规定			
※	没有降低绿色建筑相关指标的重大设计变更			
1	有有效的降尘、降噪措施和记录			
2	制订并实施施工废弃物减量化、资源化计划			
3	制定施工节能和能用能方案,并有相关监测和能耗记录			
4	制定施工节水和利用水方案,并有相关监测和水耗记录			
5	采用本地生产的建筑材料			
6	采用预拌砂浆			
7	预拌砂浆损耗小于 5%			
8	施工现场合理使用废弃场地			
9	施工临时建筑充分利用尚可使用的旧建筑			
10	施工日志中有绿色建设设计内容实施情况的记录			
11	对有节能、环保要求的装饰装修材料进行检测			
12	对有节能、环保要求的设备进行检测			
13	机电系统综合调试和联合试运转合设计及规范要求			
符合项数统计		验收 ___ 项,符合 ___ 项		

注：1. 符合项打"√"，不符合项打"×"，不适合本项目验收的条款打"—"，不适合本项目验收的条款需说明具体理由；

2. "※"为现场考核必检项目；

3. "备注"主要写明本项验收依据或重要参数。

188

20.2 绿色建筑从源头抓起

20.2.1 确定四节一环保主要目标

（1）四节一环保主要内容应依据：

1）《绿色建筑评价标准》GB/T 50378；

2）《建筑工程绿色施工评价标准》GB/T 50640；

3）《建筑施工安全检查标准》JGJ 59；

4）《绿色建筑评价标准》DB62/T25-3064。

（2）在绿色建筑专项施工方案中应明确四节一环保施工管理目标，结合现场实际情况进行数字量化。

（3）举例：兰州雁滩高新区竣工的综合办公楼，位于高新区雁滩园区B646号路以西，是一座现代高科技智能化商务办公大楼。办公空间设计以通用化、模块化、标准化为特征，单间办公室、开敞式办公室以及大中小型会议室（多功能厅）的个性化组合，可满足不同模式、不同类型的办公功能需求。建设用地面积7525.1m²，总建筑面积为46384m²，建筑高度为99.8m。其四节一环保指标如表20.2-1～表20.2-5所示，可供参考。

环境保护目标 表20.2-1

序号	目标名称	目标值
1	建筑垃圾	产生量小于1400t，再利用率和回收率达50%
2	噪声控制	昼间≤70dB,夜间≤55dB
3	污水排放	pH值在6～9,其他指标符合《污水综合排放标准》GB 8978—1996
4	扬尘控制	符合《绿色施工导则》要求,结构施工扬尘≤0.5m,基础施工≤1.5m
5	光污染	达到环保部门的规定,做到夜间施工不扰民,无周边单位及居民投诉

节材与材料资源利用目标 表20.2-2

序号	主材名称	预算量（含定额损耗量）	定额允许损耗率及损耗量	目标损耗率及损耗量
1	钢材	3529.96t	3.5%,123.55t	3%,105.89t
2	木方	177.8m³	3%,5.334m³	2%,3.556m³
3	模板	11435.34m²	4%,457.41m²	3%,343.06m²
4	商品混凝土	21607.17m³	2%,432.14m³	1.5%,505.97m³
5	砌块	2631.1m³	3.5%,92.09m³	2%,52.62m³
6	临时用房、围挡等周转材料(设备)		重复使用率大于80%	
7	就地取材≤500km以内的占总量的70%			
8	建筑垃圾回收利用率为50%			
9	建筑材料包装物回收率为100%			

189

节水与水资源利用目标 表 20.2-3

序号	目标名称	目标值
1	整体目标	2.5m³/万元产值,非传统水占总用水量的 3%
2	基础施工阶段	施工用水:2m³/万元产值
		办公用水:6~8 月为 1.3m³/(月·人); 9~10 月为 1.2m³/(月·人); 11~12 月为 1.0m³/(月·人)
3	主体结构 施工阶段	施工用水:2m³/万元产值
		办公用水:3~5 月为 1.2m³/(月·人); 6~8 月为 1.3m³/(月·人); 9~10 月为 1.2m³/(月·人); 11~12 月为 1.0m³/(月·人)
4	二次结构和 装饰阶段	施工用水:2m³/万元产值
		办公用水:3~5 月为 1.2m³/(月·人); 6~8 月为 1.3m³/(月·人); 9~10 月为 1.2m³/(月·人); 11~12 月为 1.0m³/(月·人)
5	节水设备配置率	100%

节能与能源利用目标 表 20.2-4

序号	施工阶段及区域	万元产值目标耗电量
1	整体目标	50kWh/万元产值
2	基础施工阶段	施工用电:50kWh/万元产值
		办公用电:6~9 月为 6kWh/(月·人);10 月为 10kWh/(月·人);11 月和 12 月 为 25kWh/(月·人)
3	主体结构 施工阶段	施工用电:50kWh/万元产值
		办公用电:4~9 月为 6kWh/(月·人);10 月为 10kWh/(月·人);11 月和 12 月 为 25kWh/(月·人)
4	二次结构 和装饰阶段	施工用电:50kWh/万元产值
		办公用电:4~9 月为 6kWh/(月·人);10 月为 10kWh/(月·人);11 月和 12 月 为 25kWh/(月·人)
5	节能照明灯具配置率	≥80%

节地与土地资源保护目标 表 20.2-5

序号	目标名称	目标值
1	黏土砖	不使用黏土砖
2	单位建筑面积 施工用地率	(临时用地面积/单位工程总建筑面积)×100%=2465/46384≈0.053

序号	目标名称	目标值
3	施工绿化面积与占地面积比率	施工绿化面积与占地面积比率＝36/7525.1≈4.7×10^{-3}
4	办公、生活区面积与生产区面积比率	办公、生活区面积650m^2,生产作业区面积1800m^2,办公、生活区面积与生产作业区面积比率0.361

20.2.2 施工噪声管理

（1）加强施工管理，合理安排时间，严格按照施工噪声管理的有关规定，夜间不进行打桩作业；

（2）预拌混凝土拖式泵可安装现场隔声降噪棚，如图20.2-1所示；

（3）作业时在高噪声设备周围设置组装式环保隔声罩屏蔽，如图20.2-2所示；

（4）加强运输管理，建材运输等尽量在白天进行，控制车辆鸣笛。

图20.2-1　混凝土拖式泵现场隔声降噪棚　　　　图20.2-2　组装式环保隔声罩

20.2.3 建筑垃圾管理

（1）现场裸土要及时覆盖，方式有多种，如图20.2-3所示；

（2）实现建筑垃圾分类管理，根据需要增设建筑垃圾放置场地与设施，如图20.2-4所示；

（3）与运输方签订垃圾清运协议，定量或定期消纳建筑垃圾；

（4）列出项目可回收利用的废弃物，提高回收利用量；

（5）现场废弃油手套、涂料包装桶、清洗工具废渣、机械维修保养废液等废弃物由专人收集并处理。

20.2.4 认真处理大气及粉尘污染

（1）对施工现场实行合理化管理，地面及路面须硬化，砂石料统一堆放，水泥在专门库房堆放，尽量减少搬运环节，搬运时做到轻举轻放，防止包装袋破裂，如图20.2-5所示；

图 20.2-3　施工现场裸土覆盖　　　　　图 20.2-4　建筑垃圾分类堆放覆盖

（2）基础开挖时，对作业面覆土适当喷水，保持一定湿度，以减少扬尘量，开挖出的土方和建筑垃圾要及时运走，以防长期堆放表面干燥起尘或被雨水冲刷；

（3）必须建立洗车台，冲洗轮胎和车身，定时洒水压尘，以减少运输过程中的扬尘。运输车辆应完好，不装载过满，采取遮盖、密闭措施，并及时清扫散落在路面上的泥土和建筑材料，如图 20.2-6 所示；

（4）商品混凝土施工时做到不洒、不漏、不剩、不倒；

（5）现场做到封闭管理，缩小施工扬尘扩散范围；

（6）风速过大时停止施工作业，并对堆存的建筑材料采取遮盖措施。

图 20.2-5　施工现场路面做硬化处理　　　图 20.2-6　洗车台及三级沉淀池的应用

20.2.5　认真处置施工及生活用水污染

（1）施工单位应加强对生活污水的管理，尤其是厕所排水必须排入化粪池，严禁直接排入市政排水管网；

（2）施工场地产生混凝土养护水、设备水压试验水及洗车台车辆洗涤水等不得直接排入市政排水管网，应导入沉淀池进行沉淀，进行二次或多次循环利用后方可排放；

（3）对各类车辆、设备使用的燃油、机油、润滑油等应加强管理，所有废弃脂类均要集中处理，不得随意倾倒，更不得弃入排水管网中。

20.3 甘肃省建筑业绿色施工示范工程验收评价主要指标

依据住房和城乡建设部《绿色施工导则》和《甘肃省建筑业绿色施工示范工程管理办法（试行）》，制定甘肃省建筑业绿色施工示范工程验收评价主要指标。绿色施工评价时按地基与基础工程、结构工程、装饰装修与机电安装工程等三个阶段进行。不同地区、不同类型的工程编制绿色施工规划方案时应进行环境因素分析，根据以下评价指标确定相应评价要素。

20.3.1 环境保护

（1）现场施工标牌应包括环境保护内容。现场施工标牌是指工程概况牌、施工现场管理人员组织机构牌、入场须知牌、安全警示牌、安全生产牌、文明施工牌、消防保卫制度牌、施工现场总平面图、消防平面布置图等。

（2）生活垃圾按环卫部门的要求分类，垃圾桶按可回收利用与不可回收两类设置，定位摆放，定期清运；建筑垃圾应分类别集中堆放，定期处理，合理利用，利用率应达到30％以上。

（3）施工现场的污水排放除符合国家卫生和环保部门的规定外，现场道路和材料堆放场周边设排水沟；工程污水和试验室养护用水经处理后排入市政污水管道。

（4）光污染符合国家环保部门的规定外，应符合下列要求：

1）夜间电焊作业时，采取挡光措施，钢结构焊接设置遮光棚；

2）工地设置大型照明灯具时，有防止强光线外泄的措施。

（5）噪声控制应符合下列规定：

1）产生噪声的机械设备，尽量远离现场办公区、生活区和周边住宅区；

2）混凝土输送泵、电锯房等设有吸声降噪屏或采取其他有效的降噪措施；

3）现场围挡应连续设置，不得有缺口、残破、断裂，墙体材料可采用彩色金属板式围墙等可重复使用的材料，高度应符合现行行业标准《建筑施工安全检查标准》JGJ 59 的规定。

（6）现场宜设噪声监测点，实施动态监测。噪声控制符合《建筑施工场界环境噪声排放标准》GB 12523—2011 的要求，噪声排放限制见表 20.3-1。

噪声排放限制   表 20.3-1

施工阶段	主要噪声源	噪声限制(dB)	
		昼间	夜间
土石方	推土机、挖掘机、装载机等	75	55
打桩	各种打桩机等	85	禁止施工
结构	混凝土输送泵、振捣棒、电锯等	70	55
装修	起重机、升降机等	60	55

（7）基坑施工时，应采取有效措施，减少水资源浪费并防止地下水源污染。

（8）现场直接裸露土体表面和集中堆放的土方应采用临时绿化、喷浆和隔尘布遮盖等抑尘措施；现场拆除作业、爆破作业、钻孔作业和干旱条件土石方施工，宜采用高空喷雾降尘设备或洒水减少扬尘。

20.3.2　节材与材料资源利用

（1）材料选择本着就地取材的原则并有实施记录；机械保养、限额领料、废弃物再生利用等制度健全，做到有据可查，有责可究。

（2）选用绿色、环保材料的同时还应建立合格供应商档案库，所选材料应符合现行国家标准《民用建筑工程室内环境污染控制标准》GB 50325 的要求；混凝土外加剂应符合现行国家标准《混凝土外加剂》GB 8076、《混凝土外加剂应用技术规范》GB 50119、《混凝土外加剂中释放氨的限量》GB 18588 的要求，且每方混凝土由外加剂带入的碱含量≤1kg。

（3）临时建筑设施尽可能采用可拆迁、可回收材料。

（4）材料节约应满足下列要求：

1）优先采用管件合一的脚手架和支撑体系；

2）采用工具式模板和新型模板材料，如玻璃钢和其他可再生材质的大模板和钢框镶边模板；

3）因地制宜，采用利于降低材料消耗的四新技术，如几字梁、模板早拆体系、高效钢材、高强商品混凝土、自防水混凝土、自密实混凝土、竹材、木材和工业废渣废液利用等。

（5）资源再生利用：制订并实施施工场地废弃物管理计划；分类处理现场垃圾，分离可回收利用的施工废弃物，将其直接应用于工程。[施工废弃物加收利用率计算：回收利用率＝施工废弃物实际回收利用量（t）/施工废弃物总量（t）×100％]。

20.3.3　节水与水资源利用

（1）签订标段分包或劳务合同时，将节水指标纳入合同条款。施工前应对工程项目的参建各方的节水指标，以合同的形式进行明确，便于节水的控制和水资源的充分利用，并有计量考核记录。

（2）根据工程特点，制定用水定额。施工现场办公区、生活区的生活用水采用节水器具。施工现场对生活用水与工程用水分别计量。

（3）施工中采用先进的节水施工工艺：如混凝土养护、管道通水打压、各项防渗漏闭水及喷淋试验等。

（4）施工现场优先采用商品混凝土和预拌砂浆。必须现场搅拌时，要设置水计量检测和循环水利用装置。混凝土养护采取薄膜包裹覆盖，喷涂养护液等技术手段，杜绝无措施浇水养护。

（5）水资源的利用：合理使用基坑降水；冲洗现场机具、设备、车辆用水，应设立循环用水装置；现场办公区、生活区节水器具配置率达到100％。

（6）工程节水一要有标准（定额），二要有计量和记录，三要有管理考核。

20.3.4　节能与能源利用

（1）对施工现场的生产、生活、办公和主要耗能施工设备设有节能的控制指标。施工现场能耗大户主要是塔吊、施工电梯、电焊机及其他施工机具和现场照明，为便于计量，应对生产过程使用的施工设备、照明和生活办公区分别设定用电控制指标。施工用电必须装设电表，生活区和施工区应分别计量；应及时收集用电资料，建立用电节电统计台账。针对不同的工程类型，如住宅建筑、公共建筑、工业厂房建筑、仓储建筑、设备安装工程等进行分析、对比，提高节电率。

（2）临时用电设施，照明设计满足基本照度的规定，不得超过$-10\%\sim+5\%$。一般办公室的照明功率密度值为$11W/m^2$；办公、生活和施工现场，采用节能照明灯具的数量大于80%。

（3）选择配置施工机械设备应考虑能源利用效率，有定期监控重点耗能设备能源利用情况的记录。

（4）材料运输与施工，建筑材料的选用应缩短运输距离，减少运输过程中的能源消耗。工程施工使用的材料宜就地取材，距施工现场500km以内生产的建筑材料用量原则上占工程施工使用建筑材料总重量的70%以上。

20.3.5　节地与土地资源保护

（1）施工场地布置合理，实施动态管理。一般建筑工程应有地基与基础工程、结构工程和装饰装修与机电安装工程三个阶段的施工平面布置图。

（2）施工单位应充分了解施工现场及毗邻区域内人文景观保护要求、工程地质情况及基础设施管线分布情况，制定相应保护措施，并报请相关方核准。

（3）平面布置合理，组织科学，占地面积小且满足使用功能。

（4）场内交通道路布置应满足各种车辆机具设备进出场和消防安全疏散要求，方便场内运输。

（5）施工总平面布置应充分利用和保护原有建筑物、构筑物、道路和管线等，职工宿舍应满足使用要求。

附　录

>>>

附录1　甘肃省建筑施工安全生产标准化考评实施细则（暂行）
甘建工〔2015〕172号

第一章　总则

第一条　为进一步加强建筑施工安全生产管理，规范建筑施工安全生产标准化考评工作，根据住房和城乡建设部《建筑施工安全生产标准化考评暂行办法》等文件要求，结合本省实际制定本实施细则。

第二条　本实施细则所称建筑施工安全生产标准化是指建筑施工企业在建筑施工活动中，贯彻执行建筑施工安全生产法律法规和标准规范，建立企业和项目安全生产责任制，制定安全管理制度和操作规程，监控危险性较大的分部分项工程，排查治理生产安全隐患，使人、机、物、环始终处于安全状态，形成过程控制、持续改进的安全管理机制。

第三条　凡本省行政区域内，纳入各级住房和城乡建设主管部门管理的新建、扩建、改建房屋建筑和市政基础设施工程施工项目（以下简称"施工项目"）应进行施工项目安全生产标准化考评；凡注册在本省从事房屋建筑和市政基础设施施工活动的建筑施工总承包及专业承包企业（以下简称"施工企业"）应进行施工企业安全生产标准化考评。

第四条　省住房和城乡建设厅监督指导全省建筑施工安全生产标准化考评工作，具体工作由省建设工程安全质量监督管理局实施。

县级以上住房和城乡建设主管部门负责行政区域内建筑安全生产标准化考评工作，具体工作由其所属的建筑安全监督管理机构负责。

第五条　对施工项目实施安全生产监督的建筑施工安全监督机构（以下简称"项目考评主体"）负责施工项目安全生产标准化考评工作。项目考评主体应当对已办理了施工安全监督手续并取得施工许可证的施工项目实施安全生产标准化考评。

第六条　省建设工程安全质量监督管理局和各市州建筑施工安全监督机构（以下简称"企业考评主体"）按照分工负责全省施工企业安全生产标准化考评工作。企业考评主体应当对取得安全生产许可证且在有效期内的施工企业实施安全生产标准化考评。

特级施工企业的考评由省建设工程安全质量监督管理局负责；其他施工企业的考评由企业注册地住房和城乡建设主管部门负责，具体工作由所属建筑施工安全监督机构实施。

第七条　建筑施工安全生产标准化考评应坚持客观、公正、公开的原则。

第八条　各级住房和城乡建设主管部门应积极使用信息化手段开展建筑施工安全生产标准化考评工作，及时向社会公布本行政区域内施工项目和施工企业安全生产标准化考评结果。应当将考评情况记入企业安全生产信用档案，予以公布，接受社会舆论监督。

第九条　各级住房和城乡建设主管部门要制定具体工作措施，优先培育一批安全生产标准化"样板工地"和"样板企业"，充分发挥样板引路作用，促使施工现场安全生产管理措施的根本转变。

第十条　上级住房和城乡建设主管部门要把下一级住房和城乡建设主管部门开展标准化工作情况纳入年度安全生产目标责任管理内容，定期对标准化推广、考核、评价等工作进行抽查，对于标准化工作开展不力的地区、施工企业和施工项目要予以通报。

第二章　施工项目考评

第十一条　施工企业应当建立健全以项目负责人为第一责任人的项目安全生产管理体系，依法履行安全生产职责，实施项目安全生产标准化工作。

第十二条　项目实行施工总承包的，总承包单位对项目安全生产标准化工作负总责。总承包单位应当组织专业承包单位开展项目安全生产标准化工作。专业承包单位应做好承包范围内的安全生产工作并结合自身分包的工作内容进行自评，自评资料报总承包单位，不再单独申请项目考评。

建设单位将专业工程平行发包的，建设单位应对平行发包部分的安全生产标准化工作负总责，并参照施工总承包单位的方式组织专业承包单位开展项目安全生产标准化自评工作。

第十三条　施工项目应当成立由施工总承包、专业承包、平行发包等单位组成的项目安全生产标准化自评机构，自项目开工起，每月（不含超过一个月停工期间）依据《建筑施工安全检查标准》JGJ 59—2011等开展一次安全生产标准化自评工作并如实填写《建筑施工项目安全生产标准化月自评表》（附表1-1）。

第十四条　施工企业对每个施工项目在基础、主体、装饰等重要阶段不少于一次评价，如实填写《建筑施工项目安全生产标准化阶段评价表》（附表1-2）。

第十五条　建设、监理单位应对施工项目安全生产标准化工作进行监督检查，对项目月自评材料和重要阶段评价资料进行审核并签署意见。

第十六条　项目考评主体对施工项目实施日常安全监督时督促项目开展自评工作，并同步进行项目考评相关工作，认真审核项目月自评材料和重要阶段评价资料，随时收集、整理、保管有关资料，作为最终考评依据。

第十七条　施工企业在项目完工后，办理竣工验收前，应当向项目考评主体提交《甘肃省建筑安全生产标准化施工项目考评申报表》（附表1-3）和项目施工期间受到住房和城乡建设主管部门奖惩情况（包括住建部门组织观摩、通报表扬、表彰奖励、限期整改、局部或全面停工整改、通报批评、行政处罚等）、项目发生生产安全责任事故情况等有关附件材料。

第十八条　项目考评主体收到施工企业提交的申报材料后，经审核符合要求的，以项目自评为基础，结合日常监管情况对项目安全生产标准化工作进行评定，在10个工作日内向施工企业发放《甘肃省建筑施工项目安全生产标准化考评结果告知书》（附表1-4）。

第十九条　项目安全生产标准化评定结果为"优良""合格"及"不合格"。

依据《建筑施工安全检查标准》JGJ 59—2011评分和奖惩加减分，项目竣工时最终综合得分 85 分以上，标准化考评为优良；70～85 分，标准化考评为合格；70 分以下，标准化考评为不合格。

考评为优良的施工项目数量原则上不超过所监督范围内本年度拟竣工项目数量的 10%。85 分及以上的项目超过拟竣工项目数量的 10% 时，按分数高低排序，取最多不超过 15% 的项目。

施工项目有下列情形之一的，安全生产标准化考评直接确定为不合格：

（一）项目有三次及以上未每月开展项目自评工作；

（二）施工企业对施工项目在基础、主体、装饰等重要阶段未进行安全生产标准化评价的；

（三）发生一般及以上生产安全责任事故的；

（四）因项目存在安全隐患在一年内受到住房和城乡建设主管部门或安全监督机构两次及以上停工整改或 4 次及以上隐患整改指令的；

（五）由于生产安全问题受到行政处罚的；

（六）由于生产安全问题受到省、市级 2 次，县级 3 次通报批评的；

（七）提供的相关材料存在弄虚作假的。

第二十条　施工企业对项目考评结果有异议的，应在收到《甘肃省建筑施工项目安全生产标准化考评结果告知书》后 5 个工作日内，向施工项目所在地建设主管部门申请复核。申请复核应提供企业名称、项目名称、联系方式、具体事实理由、相关证据等书面材料。受理复核的主管部门应在收到复核申请后 15 个工作日内会同项目考评主体对项目考评情况进行复核。

第二十一条　省外施工企业在我省承建房屋建筑和市政基础设施工程项目的，项目考评主体应当每月末一次将考评结果逐级报至省建设工程安全质量监督管理局，由其在省建设厅网站予以公布。

第二十二条　本省施工企业跨市州承建工程的，由项目所在地项目考评主体负责考评，并每月末一次将考评结果转送该企业注册地市州住房和城乡建设主管部门。

第二十三条　施工项目安全生产标准化评定结果由项目考评主体填写《甘肃省建筑施工项目安全生产标准化考评结果汇总表》（附表 1-5），每月末一次向上级住房和城乡建设主管部门逐级上报。

第三章　施工企业考评

第二十四条　施工企业应当建立健全以法定代表人为第一责任人的企业安全生产管理体系，依法履行安全生产职责，成立企业安全生产标准化自评机构，在每年（自安全生产许可证颁发之日起计）依据《施工企业安全生产评价标准》JGJ/T 77—2010 等开展企业安全生产标准化自评工作。

第二十五条　施工企业自评工作每年进行一次，根据自评情况如实填写《建筑施工企业年周期安全生产标准化自评表》（附表 2-1）。施工企业安全生产许可证期满前 4 个月，应当向企业考评主体提交《甘肃省建筑安全生产标准化施工企业考评申报表》（附表 2-2）和《建筑施工企业年周期安全生产标准化自评表》、近三年受到住房和城乡建设主管部门奖惩情况（包括住建部门组织观摩、通报表扬、表彰奖励、限期整改、局部或全面停工整改、通报批评、行政处罚等）、企业发生生产安全责任事故情况等有关附件材料。

第二十六条 企业考评主体收到施工企业提交的相关资料后，经查验符合要求的，以企业自评为基础，结合日常监管，对企业安全生产标准化工作进行评定，在 20 个工作日内向施工企业发放《甘肃省建筑施工企业安全生产标准化考评结果告知书》（附表 2-3）。

第二十七条 施工企业安全生产标准化考评结果为"优良""合格"及"不合格"。

依据《施工企业安全生产评价标准》JGJ/T 77—2010 评分，施工企业三年最终平均得分 85 分以上，安全生产标准化考评为优良；70～85 分，施工企业安全生产标准化考评为合格；70 分以下，施工企业安全生产标准化考评为不合格。

考评为优良的施工企业数量，原则上三年内不超过所辖区域内注册施工企业数量的 10%。85 分及以上的企业超过 10% 时，按分数高低排序，取最多不超过 15% 的企业。

施工企业具有下列情形之一的，安全生产标准化考评为不合格：

（一）未按规定开展企业自评工作的；

（二）企业近三年所承建的项目发生较大及以上生产安全责任事故或累计发生 3 起以上一般生产安全责任事故的；

（三）企业近三年所承建已竣工项目经考评不合格率超过 5% 的（不合格率是指企业近三年项目考评不合格的竣工工程数量与企业承建已竣工工程数量之比）。

第二十八条 施工企业对考评结果有异议的，应在收到《甘肃省建筑施工企业安全生产标准化考评结果告知书》后 5 个工作日内，向企业注册地住房和城乡建设主管部门申请复核。申请复核应提供企业名称、联系方式、具体事理由、相关证据等书面材料。受理复核的住房和城乡建设主管部门应在收到复核申请后 15 个工作日内会同项目考评主体对项目考评情况进行复核。

第二十九条 施工企业安全生产标准化评定结果由企业考评主体填写《甘肃省建筑施工企业安全生产标准化考评结果汇总表》（附表 2-4），每月末一次向上级住房和城乡建设主管部门逐级上报。

第三十条 省外施工企业在我省设分公司或区域公司的，其考评结果统一由甘肃省建设工程安全质量监督管理局及时在网站予以公布。

第四章 奖励和惩戒

第三十一条 建筑施工安全生产标准化考评结果作为政府相关部门进行绩效考核、信用评级、诚信评价、评先推优、投融资风险评估、保险费率浮动等重要参考依据。

第三十二条 政府投资项目招标投标应优先选择建筑施工安全生产标准化工作业绩突出的施工企业及项目负责人。

第三十三条 省住房和城乡建设厅对获得优良的建筑施工项目，将在网上公布建设单位负责人、施工单位项目负责人、专职安全生产管理人员、总监理工程师的姓名等相关信息。对获得优良施工项目的项目负责人、专职安全生产管理人员，将在个人安全生产考核合格证书延期时免于延期考核，直接办理延期手续。

第三十四条 省住房和城乡建设厅对获得优良的施工企业，将在网站公布施工企业名称、企业法定代表人和主管安全生产的负责人姓名等相关信息。对获得优良企业的法定代表人、主管安全生产的负责人、安全机构的负责人，将在个人安全生产考核合格证书延期时免于延期考核，直接办理延期手续。对获得优良的施工企业，将在施工企业安全生产许可证延期时免于延期考核，直接办理延期手续。

第三十五条　市州住房和城乡建设主管部门可以参照本实施细则在本行政区域内制定相关奖励和扶持政策。

第三十六条　对于安全生产标准化考评不合格的施工项目，省住房和城乡建设厅对该项目负责人和专职安全生产管理人员安全生产情况重新考核，对重新考核合格的，安全生产考核合格证书予以延期；对重新考核不合格的，收回安全生产考核合格证书。

对于安全生产标准化考评不合格的施工企业，负责施工企业考评的建设工程安全监督机构责令其限期整改，整改期限原则上不少于一个月，不超过三个月，对整改后具备安全生产条件的，安全生产标准化考评结果为"经整改后具备安全生产条件"，安全生产许可证予以延期；对不再具备安全生产条件的，安全生产许可证不予延期。施工企业在办理安全生产许可证延期时未提交企业考评合格材料的，不予延期。

省外施工企业在我省施工项目安全生产标准化考评不合格的，一年内不得在我省承接新的施工项目。

建设单位将专业工程平行发包后，未对平行发包专业工程组织专业承包单位开展项目安全生产标准化自评工作的，项目考评主体应责令建设单位整改，整改不到位或拒绝整改的，将有关情况逐级上报，省建设工程安全质量监督管理局对建设单位予以曝光、通报、记入不良行为记录。

第三十七条　安全生产标准化考评为合格或优良的施工项目及施工企业，发现有下列情形之一的，由考评主体撤销原安全生产标准化考评结果，直接评定为不合格，并对有关责任单位和责任人员依法予以处罚。

（一）提交的自评材料弄虚作假的；

（二）漏报、谎报、瞒报生产安全事故的；

（三）考评过程中有其他违法违规行为的。

第三十八条　建筑施工安全生产标准化考评工作中考评主体工作人员有不认真履行职责、接受企业的财物或谋取其他利益，尚构不成犯罪的，依法给予行政处分。

第五章　附则

第三十九条　本实施细则自 2015 年 6 月 1 日起施行。《关于印发〈甘肃省建筑安全生产标准化工作实施方案〉的通知》（甘建工〔2011〕408 号）、《甘肃省建设工程安全质量监督管理局关于印发〈甘肃省建筑安全生产标准化企业和标准化工地申报及评价程序〉的通知》（甘建安质〔2013〕5 号）同时废止。

附表：

1-1　建筑施工项目安全生产标准化月自评表

1-2　建筑施工项目安全生产标准化阶段评价表

1-3　甘肃省建筑安全生产标准化施工项目考评申报表

1-4　甘肃省建筑施工项目安全生产标准化考评结果告知书

1-5　甘肃省建筑施工项目安全生产标准化考评结果汇总表

附录 2 甘肃省建设工程质量和建设工程安全生产管理条例

甘肃省人民代表大会常务委员会公告（第 62 号）

第一章 总则

第一条 为了加强建设工程质量和建设工程安全生产管理，保障人民生命和财产安全，根据《中华人民共和国建筑法》《中华人民共和国安全生产法》和国务院《建设工程质量管理条例》《建设工程安全生产管理条例》等有关法律、行政法规，结合本省实际，制定本条例。

第二条 本省行政区域内从事建设工程的新建、改建、扩建和拆除，以及与建设工程质量和建设工程安全生产相关的监督管理活动，适用本条例。

本条例所称建设工程，是指土木工程、建筑工程、线路管道和设备安装及装修工程。

军事建设工程、抢险救灾、农民自建低层住宅及其他临时性房屋建筑的质量和安全生产管理按照相关规定执行。

法律、行政法规对建设工程质量和建设工程安全生产管理已有规定的，依照其规定执行。

第三条 县级以上人民政府应当加强对建设工程质量和建设工程安全生产工作的领导，协调解决建设工程质量和建设工程安全生产监督管理中的重大问题，将建设工程质量和建设工程安全生产监督管理工作所需经费纳入本级财政预算。

第四条 县级以上人民政府住房和城乡建设主管部门对本行政区域内的建设工程质量和建设工程安全生产实施监督管理，其所属的建设工程质量安全监督机构负责实施具体的监督管理工作。

县级以上人民政府负责安全生产监督管理的部门依法对本行政区域内的建设工程安全生产工作实施综合监督管理。

县级以上人民政府交通运输、水利、发展和改革、工信等主管部门在各自的职责范围内，负责本行政区域内专业建设工程质量和建设工程安全生产的监督管理。

第五条 建设、勘察、设计、施工、监理等建设工程责任主体及施工图审查、工程质量安全检测、监测、预拌混凝土生产、预制构配件生产等与建设工程质量和建设工程安全生产有关的单位和人员，应当遵守法律、法规、强制性标准及本省的相关规定，在资质、资格允许范围内从事相应业务活动，履行建设工程质量和建设工程安全生产职责，依法承担相应责任。

第六条 建设工程应当符合绿色、人文、科技的建设理念，积极推广应用先进科学的管理方法和符合建设工程质量、安全、环保、节能要求的新材料、新工艺、新设备和新技术，推进建筑产业现代化发展，提高建设工程质量和品质。

第七条 建设工程实行质量责任终身制。建设、勘察、设计、施工、监理等建设工程责任主体及其法定代表人、项目负责人应当在工程设计使用年限内对因其原因造成的质量问题承担相应责任。

第八条 县级以上人民政府及有关主管部门应当建立优质工程、质量和安全生产标准化及文明施工激励机制，按照国家有关规定对提高建设工程质量和品质、安全生产水平做出突出贡献的单位和个人给予表彰奖励。

第二章 建设单位的责任和义务

第九条 建设单位应当按照法律、法规，加强建设工程的质量和安全生产管理，对建设工程的质量和安全生产负责，并履行下列责任和义务：

（一）将建设工程发包给具有相应资质等级的勘察、设计、施工、监理、检测等单位，并在与其签订的合同中明确约定双方的工程质量和安全生产责任；

（二）按照国家及本省有关工程造价和定额的规定，合理确定工程勘察、设计、施工、监理、检测等各方的费用和工期，不得随意改变；

（三）资金安排能够满足施工需要，并按照合同约定及时拨付工程款；

（四）提供符合施工条件的施工场地，协调解决施工现场各施工单位及毗邻区域内影响施工质量和安全的问题；在项目开工前应当取得施工现场及毗邻区域地面现状和各类地下管线资料及其他相关资料，并向勘察、设计、施工、监理等单位进行交底；

（五）组织勘察、设计、施工、监理等与工程建设有关的各方进行设计交底和图纸会审；

（六）按照相关规定委托具有相应资质的机构对工程项目及工程实体质量进行检测或者监测，见证或者委托监理单位见证现场检测及施工单位的取样送检工作；

（七）配合有关部门做好质量和安全事故调查处理工作。发生质量事故时，及时组织勘察、设计、施工、监理、检测等单位共同提出处理意见或者处理方案；

（八）法律、法规规定的其他责任和义务。

第十条 建设单位应当设立工程质量和安全生产管理机构负责相关管理工作，并可以委托有资质的工程项目管理单位，对建设工程全过程提供专业化的管理和服务。

第十一条 建设单位应当将工程施工图设计文件按照国家有关规定委托施工图审查机构进行审查。施工图设计文件未经审查批准的，不得使用。

经审查通过的施工图设计文件不得擅自修改，确有必要进行修改的，应当由原设计单位修改。施工图涉及公共利益、公众安全、工程建设强制性标准等国家规定的主要内容变更的，建设单位应当委托原施工图设计文件审查机构重新审查，审查合格后方可用于施工。

交通、水利等专业工程的施工图设计文件审查，按照国家相关规定执行。

第十二条 建设单位在开工前，应当按照国家有关规定办理工程质量监督手续，工程质量监督手续可以与施工许可证或者开工报告合并办理。

建设单位在办理建设工程质量监督手续前，应当组织建设、勘察、设计、施工、监理等责任主体签署法人授权委托书和项目负责人工程质量终身责任承诺书，并建立责任主体项目负责人终身责任信息档案。对于未签署工程质量终身责任承诺书的工程不予办理工程质量监督手续。

第十三条 建设单位应当将建设工程安全作业环境及安全施工措施费计入工程造价，及时拨付给施工单位专款专用。住房和城乡建设等有关主管部门以及建设工程质量安全监督机构对建设工程安全作业环境及安全施工措施费的使用情况实施监督。

第十四条　建设单位不得对勘察、设计、施工、监理、检测等单位提出不符合法律、法规和强制性标准规定的要求，不得违法指定工程分包单位及建设工程材料、建筑构配件、设备和预拌混凝土的供应单位。

第十五条　建设单位应当自收到施工单位工程竣工报告之日起二十日内，对符合竣工验收条件的工程按照规定程序组织工程竣工验收，并提前七个工作日将验收时间、地点、验收组名单等信息书面通知负责监督该工程的住房和城乡建设主管部门或者建设工程质量安全监督机构。

住宅工程应当在工程竣工验收前先组织分户验收。

单位工程竣工验收合格，且具备法律、法规规定的其他条件后，方可交付使用。

建设工程竣工验收合格后，建设单位应当将工程竣工验收报告、工程质量保修书等法律法规规定的文件报工程所在地住房和城乡建设主管部门办理竣工备案，并及时向相关的档案管理部门移交建设、勘察、设计、施工、监理等责任主体项目负责人终身责任信息档案及其他建设项目档案。

建设单位应当在建设工程竣工验收合格之日起十五日内按照要求设置永久性标牌。

交通、水利、消防、环保、人民防空、通信等专业工程的竣工验收备案，按照相关规定执行。

第十六条　建设单位交付的住宅工程应当按照规定向房屋产权所有人提供房屋使用说明书和工程质量保证书。

房屋使用说明书应当载明房屋建筑的基本情况、设计使用寿命、性能指标、承重结构位置、管线布置、附属设备、配套设施及使用维护保养要求、禁止事项等。

第三章　勘察、设计、施工图审查单位的责任和义务

第十七条　勘察、设计单位应当按照法律、法规、工程建设强制性标准进行勘察、设计，对建设工程的勘察、设计质量负责，并履行下列责任和义务：

（一）参加建设单位组织的设计图纸会审，做好设计文件交底；向建设、施工、监理等单位详细说明工程勘察、设计文件；

（二）勘察单位应当参加建设工程基槽及桩基分项工程、地基基础分部工程及单位工程竣工验收，并签署意见；设计单位应当参加设计文件中标注的重点部位和环节的分部分项工程、地基基础分部和主体结构分部工程及单位工程竣工验收，并签署意见；参加单位工程竣工验收前勘察、设计单位还应当出具建设工程勘察、设计质量检查报告并提交建设单位；

（三）参加建设工程质量和建设工程生产安全事故分析，对因勘察、设计原因造成的事故提出相应的技术处理方案；参加处理工程施工中出现的与勘察、设计有关的其他问题；

（四）法律、法规规定的其他责任和义务。

第十八条　勘察单位在勘察作业时，应当严格执行操作规程，采取有效安全防范措施，保证各类管线、设施和周边建筑物、构筑物的安全。

第十九条　设计文件应当满足国家规定的深度要求，并符合下列规定：

（一）对建设工程本体可能存在的重大风险控制进行专项设计；

（二）对涉及工程质量和安全的重点部位和环节进行标注；

（三）采用新技术、新工艺、新材料、新设备的，明确质量和安全的保障措施；

（四）根据建设工程勘察文件和建设单位提供的调查资料，选用有利于保护毗邻建筑物、构筑物、管线和设施安全的技术、工艺、材料和设备；

（五）明确建设工程本体以及毗邻建筑物、构筑物、管线和设施的监测要求及监测控制限值。

第二十条　施工图审查机构应当按照法律、法规和工程建设强制性标准对建设工程的施工图设计文件进行审查，对审查合格的施工图设计文件承担审查责任。

第四章　施工单位及其相关单位的责任和义务

第二十一条　施工单位应当按照法律、法规、技术标准、施工图设计文件及施工合同约定组织施工，对建设工程的施工质量和安全生产负责，并履行下列责任和义务：

（一）建立健全质量和安全保证体系，设置质量、安全生产管理机构，按照合同约定及有关规定配备与工程项目规模和技术难度相适应的，并取得相应资格证书的项目、技术、质量和安全负责人，以及质量检查员、安全员等施工管理人员；

（二）建立健全质量责任制、安全生产责任制和重大危险源监管、隐患排查、安全生产教育培训等质量和安全生产管理制度；

（三）建立建筑材料、建筑构配件、预拌混凝土和设备的进场检验制度，进场验收应当由材料设备管理人员、质量检查员及监理人员共同进行；

（四）严格工序管理和施工质量检查验收，按照规定对工序、隐蔽工程、检验批、分项、分部及单位工程进行自检。对隐蔽工程、检验批、分项及分部工程，施工单位自检合格后应当报监理单位进行验收，未经监理单位验收或者经验收不合格，不得继续施工；对于单位工程，施工单位自检合格后应当报监理单位进行竣工预验收，竣工预验收合格后由施工单位向建设单位提交工程竣工报告申请竣工验收；对监理单位提出检查要求的重要工序，应当经监理工程师检查认可后方可进行下道工序；

（五）建立工程资料档案。工程质量和安全生产施工资料的收集整理应当按照国家和本省有关规定，及时、准确、真实、完整，并与工程进度同步；

（六）按照国家和本省有关标准化施工的要求施工，并按时进行质量、安全生产标准化自评工作；

（七）按照国家有关消防安全技术标准和要求，建立并落实消防安全责任制度；

（八）遵守有关环境保护的法律、法规和相关规定，采取措施防止或者减少粉尘、废气、废水、固体废物、噪声、振动和施工照明等对人和环境的危害和污染，在施工完成后及时对造成的环境损害进行修复；

（九）依法为职工参加工伤保险并缴纳工伤保险费，依法投保安全生产责任保险；

（十）依照法律、法规和有关规定制定事故应急救援预案，建立健全应急救援体系；

（十一）发生工程质量事故或者生产安全事故时，依照法律、法规和有关规定进行处置和上报；

（十二）法律、法规规定的其他责任和义务。

第二十二条　注册建造师不得同时承担两个及两个以上的建设工程项目负责人，不得委托他人代行职责。项目负责人的变更应当经监理单位、建设单位书面同意，且不得降低资格条件，并报项目所在地住房和城乡建设等有关主管部门；变更后的项目负责人应当重新签署法人授权委托书和工程质量终身责任承诺书，并报负责监督该工程的住房和城乡建设等主管部门或者建设工程质量安全监督机构。

第二十三条　施工单位项目技术负责人在建设工程施工前，对工程质量和安全施工的有关技术要求、重大危险源和应急处置措施，应当向施工作业班组、作业人员做出书面详细说明，双方签字确认。

施工单位应当在施工现场明显位置公示项目重大危险源，并在相应部位设立明显的安全警示标志。

建设工程施工可能对毗邻建筑物、构筑物和地下管线等造成损害的，施工单位应当采取专项保护措施。

第二十四条　施工单位应当建立健全企业内部教育培训考核制度，未经教育培训或者考核不合格的人员不得上岗作业。

施工单位主要负责人、项目负责人、专职安全生产管理人员应当经省住房和城乡建设或者其他有关主管部门考核合格，取得安全生产考核合格证书后，方可担任相应职务。

建筑施工特种作业人员应当经住房和城乡建设主管部门考核合格，取得相应工种的建筑施工特种作业人员资格证书方可上岗作业。对于首次上岗的建筑施工特种作业人员，施工单位应当在其正式上岗前安排不少于三个月的实习操作。

第二十五条　施工单位在施工前，应当编制施工组织设计文件，对国家规定的危险性较大的分部分项工程编制专项施工方案，并明确下列内容：

（一）与设计要求相适应的施工工艺、施工过程中的质量和安全控制措施以及应急处置预案；

（二）施工过程中施工单位内部质量和安全控制措施的交底、验收、检查和整改程序；

（三）符合合同约定工期的施工进度计划安排；

（四）对可能影响到的毗邻建筑物、构筑物和其他管线、设施等采取的专项防护措施及建筑物沉降观测方案等。

第二十六条　实施拆除工程应当按照国家有关规定进行。

房屋拆除应当由具有相应资质等级的施工单位承担；拆除前应当编制安全可靠的拆除施工方案，并在方案中明确拆除工程负责人；拆除现场周围应当设置围栏和警示标志，并采取防止扬尘和降低噪声等措施；对危险区域或者危险部位的拆除应当专人监护。

第二十七条　生产、销售及租赁单位所提供的建筑材料、建筑构配件、设备和安全生产防护用品（具）应当具有生产（制造）许可证、产品合格证，并符合有关标准的质量要求，在进入施工现场前，施工单位应当进行查验。

第二十八条　房屋建筑及市政基础设施工程施工现场起重机械的产权单位，首次出租或者安装起重机械前，应当到本单位所在地市（州）住房和城乡建设主管部门或者建设工程质量安全监督机构办理登记。

房屋建筑及市政基础设施工程施工现场起重机械的使用单位应当自起重机械安装验收合格之日起十个工作日内，到负责监督该工程的住房和城乡建设主管部门或者建设工程质量安全监督机构办理使用登记。

不得出租、使用国家禁止出租、使用的建筑起重机械。

第二十九条 施工单位在使用施工起重机械和整体提升脚手架、模板等自升式架设设施前，应当组织有关单位进行验收，也可以委托具有相应资质的检验检测机构进行验收，验收合格的方可使用。

检验检测机构应当在收到检验检测申请之日起五个工作日内进行检测，检测结束之日起五个工作日内出具检验检测报告，并对检测结果的真实性和准确性负责。

第三十条 预拌混凝土生产单位应当取得预拌混凝土专业承包资质，建立专项试验室，按照法律、法规和技术标准组织生产，对预拌混凝土生产、运输过程中的混凝土质量负责。

预拌混凝土生产单位应当按照要求向采购单位提供预拌混凝土出厂合格证，出具混凝土配合比通知单、抗压强度报告等质量证明资料。

禁止施工单位和其他有关单位向不具有预拌混凝土专业承包资质的单位采购预拌混凝土。

第五章　监理单位的责任和义务

第三十一条 工程监理单位应当按照法律、法规、技术标准、设计文件和合同约定，对建设工程的质量和安全生产承担监理责任，并履行下列责任和义务：

（一）编制监理规划和监理实施细则，并按照监理规划、细则及工程监理规范的要求，采取旁站、巡视和平行检验等方式，对工程施工过程实施监理；

（二）审查施工单位施工组织设计、专项施工方案、质量安全保证措施和应急救援预案等并督促落实；

（三）核查施工总承包及分包单位的资质证书、安全生产许可证、项目管理人员执业资格证、项目负责人及专职安全生产管理人员安全生产考核合格证书、建筑施工特种作业人员资格证书等；核查与建设工程有关的工程质量检测、监测机构及预拌混凝土生产等相关单位的资质情况；

（四）检查施工单位现场质量、安全生产管理体系的建立及运行情况；对进入施工现场的建筑材料、建筑构配件、预拌混凝土、设备等进行检查验收；审核施工单位制定的涉及结构安全的试块、试件及工程材料、建筑构配件的取样送检见证计划，并按照规定对取样、封样及送检进行见证；对施工单位安全作业环境及安全施工措施费用的使用进行审查；

（五）督促施工单位对建设工程质量和建设工程安全生产隐患进行整改，情况严重的，责令暂时停止施工，并及时通报建设单位；对拒不整改或者不停止施工的，及时报告负责监督该工程的住房和城乡建设等主管部门或者建设工程质量安全监督机构；发现有违法、违规行为的，应当及时予以制止，并报告住房和城乡建设等有关主管部门或者建设工程质量安全监督机构；

（六）验收检验批、隐蔽工程及分项工程；组织分部工程验收；审查单位工程质量检验资料；审查施工单位竣工申请，组织工程竣工预验收；编写工程质量评估报告，参与单位工程竣工验收；

（七）审查施工档案管理情况，并将监理档案移交建设单位；

（八）参与或者配合工程质量安全事故的调查和处理；

（九）法律、法规规定的其他责任和义务。

第三十二条 工程监理单位应当按照合同约定建立现场监理机构，配备相应资格的项目总监理工程师、专业监理工程师和监理人员进驻施工现场。

总监理工程师的变更应当经建设单位书面同意，并报项目所在地住房和城乡建设等有关主管部门；变更后的总监理工程师应当重新签署法人授权委托书和工程质量终身责任承诺书，并报负责监督该工程的住房和城乡建设主管部门或者建设工程质量安全监督机构。

第六章　工程质量检测、监测机构的责任和义务

第三十三条 工程质量检测机构应当按照法律、法规、工程建设强制性标准和检测合同开展检测活动，对检测数据、检测结论和检测报告的真实性和准确性负责，并履行下列责任和义务：

（一）配备能满足所开展检测业务要求的检测设备和人员；

（二）按照检测标准程序及方法开展检测业务，及时出具检测报告并在检测报告上盖章签字。现场实施的检测项目，应当在工程监理和施工单位的见证下进行；

（三）建立检测台账及不合格项目台账。对检测过程中发现涉及结构安全和主要使用功能的检测结果不合格的情况，应当如实记录，并及时报告负责监督该工程的住房和城乡建设等主管部门或者建设工程质量安全监督机构；

（四）按照国家和本省工程质量检测监管要求，对规定的检测项目应当通过省住房和城乡建设等主管部门的工程质量检测监管系统进行检测，并出具检测报告；

（五）建立档案管理制度，检测合同、委托单、原始记录和检测报告应当准确无误，按照年度统一连续编号，不得随意抽撤、涂改；对自动采集数据并联网上传的检测项目，应当做好原始记录的电子备份，并打印存档；

（六）法律、法规规定的其他责任和义务。

第三十四条 工程质量检测机构不得转包检测业务；不得涂改、倒卖、出借、出租或者以其他形式非法转让资质证书；不得超越资质范围或者挂靠其他检测机构从事检测活动。

第三十五条 工程质量监测机构应当按照法律、法规、技术标准、施工图设计文件和监测合同要求，对建设工程本体以及毗邻建筑物、构筑物、其他管线和设施等实施监测，按照设计及相关标准规定的报警值及时报警，对监测数据的真实性和可靠性负责。

第三十六条 工程质量检测、监测机构不得伪造检测、监测数据或者出具虚假检测、监测报告。任何单位和个人不得明示或者暗示检测、监测机构出具虚假检测、监测报告或者伪造、篡改检测、监测报告。

第七章　建设工程质量保修

第三十七条 建设工程实行质量保修制度。建设工程的最低保修期限按照国家相关法律、法规执行。

第三十八条 在保修范围及保修期限内出现的工程质量缺陷由施工单位履行保修义务，保修费用由工程质量缺陷的责任方承担。

因工程质量缺陷造成人身伤害或者财产损失的，由责任方承担相应的法律责任。

商品房在销售合同质量保证期限内出现工程质量缺陷，由建设单位承担保修责任和维修费用，建设单位可以依法向有关责任单位追偿。

本条所称工程质量缺陷，是指工程质量不符合工程建设强制性标准以及合同的约定。

第三十九条 建设工程质量保修由建设单位或者工程所有者、管理者向施工单位发出保修通知，施工单位接到保修通知后应当及时保修。因拖延造成人身伤害或者财产损失的，由造成拖延的责任方承担相应的法律责任。

施工单位不按照保修书约定保修的，建设单位或者工程所有者可以委托其他具有相应资质的施工单位保修，由原施工单位承担相应责任。

第四十条 因不可抗力、使用不当或者第三方造成的工程质量问题不属于保修范围；使用方或者第三方应当对所造成的质量问题承担修复责任，造成财产损失或者人身伤害的，应当承担相应的法律责任。

建设工程保修期满后，在使用过程中因未进行正常维护、检修及使用不当影响建设工程质量的，由责任人承担维修费用。

第四十一条 鼓励建设工程采用工程质量担保、工程质量保险等方式对工程质量的保修进行保证。采用上述方式的，建设单位不得再预留质量保修保证金，但合同另有约定的除外。

第八章　监督管理

第四十二条 县级以上人民政府住房和城乡建设、交通运输、水利等主管部门及其所属的建设工程质量安全监督机构应当建立完善建设工程质量和建设工程安全生产监督管理体系和管理制度，配备相应的监督人员和装备。

省人民政府住房和城乡建设、交通运输、水利等主管部门应当对各自行业内的建设工程质量安全监督机构及其监督人员按照国家和本省有关规定进行考核、管理和业务指导。建设工程质量安全监督机构及其监督人员经考核合格后方可实施质量和安全生产监督管理工作。

第四十三条 县级以上人民政府住房和城乡建设主管部门或者建设工程质量安全监督机构应当对本行政区域内已办理工程质量监督手续并取得施工许可的建设工程，按照法律、法规、技术标准，实施工程质量和安全生产监督管理，并履行下列监督职责：

（一）抽查建设工程建设、勘察、设计、施工、监理等责任主体及相关单位的质量和安全行为、履行职责及执行法律、法规和工程建设强制性标准的情况；

（二）抽查、抽测涉及工程结构安全和主要使用功能的工程实体质量及主要建筑材料、建筑构配件和设备的质量；

（三）抽查建设工程施工现场安全生产管理情况；

（四）抽查施工质量和安全标准化开展情况，并对施工项目和施工企业开展安全生产标准化考评工作；

（五）对工程竣工验收进行监督；

（六）依法对建设工程各责任主体及相关单位的违法违规行为，实施行政处罚或者移交有关部门处理；

（七）组织或者参与工程项目施工质量和生产安全事故的调查处理；

（八）处理与建设工程质量和建设工程安全生产相关的举报和投诉；

（九）法律、法规规定的其他职责。

交通运输、水利等专业工程的质量安全监督管理，按照相关规定执行。

第四十四条　县级以上人民政府住房和城乡建设主管部门和其他有关部门、建设工程质量安全监督机构履行监督检查职责时，可以采取下列措施：

（一）进入施工现场进行检查；

（二）要求建设、勘察、设计、施工、监理等责任主体及相关单位提供有关建设工程质量和建设工程安全生产的文件和资料；

（三）纠正施工中违反安全生产要求的行为；

（四）发现质量和安全隐患，责令立即整改或者暂时停止施工；发现违法违规行为，按照权限实施行政处罚或者移交有关部门处理；

（五）法律、法规规定的其他措施。

第四十五条　县级以上人民政府住房和城乡建设、交通运输、水利等主管部门应当建立建设工程监督管理信息系统和诚信档案，记载建设活动各参与单位和注册执业人员的信用信息。相关信用信息由省住房和城乡建设、交通运输、水利等主管部门按照国家和本省有关规定，通过本省建筑市场信息监管平台及时向社会公布。

省人民政府住房和城乡建设、交通运输、水利等主管部门应当按照诚信奖励和失信惩戒的原则实行分类管理，建立质量安全不良行为记录管理制度。对守信的建设活动各参与单位和注册执业人员给予激励，对失信的单位和人员给予信用惩戒。

第四十六条　工程项目因故中止施工的，住房和城乡建设主管部门或者建设工程质量安全监督机构对工程项目中止监督，建设单位负责中止期间的监督管理。

工程项目经建设、监理、施工单位确认施工结束或者竣工验收合格的，住房和城乡建设主管部门或者建设工程质量安全监督机构对工程项目终止监督。

第九章　法律责任

第四十七条　违反本条例规定，建设单位未向施工、监理等相关单位提供施工现场及毗邻区域地面现状和各类地下管线资料及其他相关资料或者进行交底的，工程不得开工，已开工的，由住房和城乡建设主管部门或者建设工程质量安全监督机构责令停工。

第四十八条　违反本条例规定，建设单位委托未取得相应资质的检测机构进行检测的，由住房和城乡建设主管部门或者建设工程质量安全监督机构责令改正，并处一万元以上三万元以下罚款。

第四十九条　违反本条例规定，工程质量检测机构伪造检测数据，出具虚假检测报告的，由住房和城乡建设主管部门或者建设工程质量安全监督机构给予警告，并处三万元罚款；给他人造成损失的，依法承担赔偿责任；构成犯罪的，依法追究刑事责任。

第五十条　违反本条例规定，施工单位不履行保修义务或者拖延履行保修义务的，由住房和城乡建设主管部门或者建设工程质量安全监督机构责令改正，处十万元以上二十万元以下罚款，并对在保修期内因质量缺陷造成的损失承担赔偿责任。

第五十一条　国家机关工作人员在建设工程质量和建设工程安全生产监督管理工作中

有下列行为之一的，由所在单位或者上级主管部门依法给予处分；构成犯罪的，依法追究刑事责任：

（一）对发现的施工质量和安全生产违法违规行为不予查处的；

（二）在监督工作中，索取、收受他人财物，或者非法谋取其他利益的；

（三）对涉及施工质量和安全生产的举报、投诉不处理的；

（四）其他滥用职权、玩忽职守、徇私舞弊的情形。

第五十二条　违反本条例规定的行为，法律、行政法规已有处罚规定的，依照其规定执行。

第十章　附则

第五十三条　本条例自 2021 年 10 月 1 日起施行。

附录3 甘肃省危险性较大的分部分项工程安全管理规定实施细则

甘建质〔2019〕169号

第一章　总则

第一条　为加强对房屋建筑和市政基础设施工程中危险性较大的分部分项工程（以下简称"危大工程"）安全管理，有效防范生产安全事故，依据《危险性较大的分部分项工程安全管理规定》（住房城和城乡建设部令第37号，以下简称《规定》）、《住房城乡建设部办公厅关于实施〈危险性较大的分部分项工程安全管理规定〉有关问题的通知》（建办质〔2018〕31号，以下简称《通知》）等有关规定，结合我省工程建设安全管理实际情况，制定本实施细则。

第二条　本细则适用于本省行政区域内房屋建筑和市政基础设施工程中危大工程安全管理。

第三条　本细则所称危大工程是指房屋建筑和市政基础设施工程在施工过程中，容易导致人员群死群伤或者造成重大经济损失的分部分项工程。

我省危大工程和超过一定规模的危大工程范围以住房和城乡建设部规定的范围为准。

第四条　省住房和城乡建设行政主管部门负责全省危大工程安全管理的指导监督。

县级以上住房和城乡建设行政主管部门负责本行政区域内危大工程的安全监督管理，具体工作可委托相应安全监督机构负责。

第二章　前期保障

第五条　建设单位应当依法提供真实、准确、完整的工程地质、水文地质和工程周边环境等资料，并办理书面移交手续。

第六条　勘察单位应当根据工程实际及工程周边环境资料，在勘察文件中说明地质条件可能造成的工程风险。

第七条　设计单位应当在设计文件中注明涉及危大工程的重点部位和环节，提出保障工程周边环境安全和工程施工安全具体的、明确的意见，必要时进行专项设计。

第八条　建设单位应当组织勘察、设计等单位在施工招标文件中列出危大工程清单，要求施工单位在投标时补充完善危大工程清单，并提供相应的安全管理措施。

第九条　建设单位应当按照施工合同约定及时支付危大工程施工技术措施费以及相应的安全防护文明施工措施费，保障危大工程施工安全。相关支付凭证原件（复印件加盖公章）留存施工现场备查。

第十条　建设单位在办理施工许可手续时，应当提交危大工程清单及其安全管理措施等资料。

第三章　专项施工方案编制

第十一条　施工单位应当在危大工程施工前组织工程技术人员编制专项施工方案。专项施工方案应至少包括以下内容：

（一）工程概况：危大工程概况和特点、施工平面布置、施工要求和技术保证条件；

（二）编制依据：相关法律、法规、规范性文件、标准、规范及施工图设计文件、施工组织设计等；

（三）施工计划：包括施工进度计划、材料与设备计划；

（四）施工工艺技术：技术参数、工艺流程、施工方法、操作要求、检查要求等；

（五）施工安全保证措施：组织保障措施、技术措施、监测监控措施等；

（六）施工管理及作业人员配备和分工：施工管理人员、专职安全生产管理人员、特种作业人员、其他作业人员等；

（七）验收要求：验收标准、验收程序、验收内容、验收人员等；

（八）应急处置措施；

（九）计算书及相关施工图纸。

实行施工总承包的，专项施工方案应当由施工总承包单位组织编制。危大工程实行分包的，专项施工方案可由相关专业分包单位组织编制。

第十二条　专项施工方案编制完成后，施工单位（总承包单位和专业分包单位）组织企业相关部门（质量、安全、技术、机械设备等）技术人员对方案进行复核，复核的主要内容如下：

（一）专项方案的编制依据是否齐全、有效；

（二）专项施工方案内容是否完整、可行；

（三）专项施工方案计算书和验算依据、施工图是否符合有关标准规范；

（四）专项施工方案是否满足现场实际情况，并能够确保施工安全；

（五）应急预案是否可靠。

第十三条　涉及本细则第六条和第七条内容的专项施工方案，应当送勘察、设计单位复核，并签字确认。

第十四条　由专项施工方案编制人汇总上述部门和单位的复核意见，对方案进行修改完善后，送施工单位技术负责人审核签字，加盖单位公章，并由总监理工程师审查签字、加盖执业印章后方可实施。

危大工程实行分包并由分包单位编制的专项施工方案，应当由总承包单位技术负责人和专业分包单位技术负责人共同审核签字，加盖总承包单位和分包单位公章。

第四章　专项施工方案论证

第十五条　对于超过一定规模的危大工程，施工单位应当组织召开专家论证会对专项施工方案进行论证。实行施工总承包的，由施工总承包单位组织召开专家论证会。专家论证前专项施工方案应当通过施工单位审核和总监理工程师审查。

第十六条　省住房和城乡建设行政主管部门和市级住房和城乡建设行政主管部门应建立专家库。专家应当从专家库中选取，对于技术复杂、施工难度大的危大工程，如本地无相关专家，可聘请外埠专家。选取的专家中要有工程技术类和安全管理类符合专业要求的专家，人数不得少于 5 名。

专家应满足以下条件：

（一）诚实守信、作风正派、学术严谨；

（二）从事相关专业工作 15 年以上或具有丰富的专业经验；

（三）具有高级专业技术职称；

（四）与论证的危大工程无利害关系。

第十七条 专家论证会参会人员应当包括下列人员：

（一）专家；

（二）建设单位项目负责人；

（三）有关勘察、设计单位项目技术负责人及相关人员；

（四）总承包单位和分包单位技术负责人或书面授权委派的专业技术人员、项目负责人、项目技术负责人、专项施工方案编制人员、项目专职安全生产管理人员及相关人员；

（五）监理单位项目总监理工程师及专业监理工程师。

第十八条 组织专家论证的施工企业应当于论证会召开 3 日前向项目所在地住房和城乡建设行政主管部门告知。组织专家论证的施工单位应将需要论证的专项施工方案及相关设计、勘察等辅助资料于论证会 3 日前送达论证专家。专家应在论证会前对方案进行预审，必要时到施工现场进行实地考察，了解施工现场实际情况。

第十九条 对专项方案进行论证时，专家根据论证需要，有权调阅工程相关技术资料，有权提出独立的论证意见，不受任何单位或者个人的干预。专家应当遵守专家论证的相关管理制度，客观、公正、科学地进行论证。对在论证过程中知悉的商业秘密，应当予以保密。

第二十条 专家论证的主要内容应当包括：

（一）专项施工方案内容是否完整、可行；

（二）专项施工方案计算书和验算依据、施工图是否符合有关标准规范；

（三）专项施工方案是否满足现场实际情况，并能够确保施工安全；

第二十一条 专家论证会后，应当形成论证报告，对专项施工方案提出通过、修改后通过或者不通过的一致意见。专家对论证报告负责并签字确认。

专项施工方案经论证需修改后通过的，施工单位应当根据论证报告修改完善后，报专家组长确认后，重新履行本细则第十四条程序后，方可组织实施。

专项施工方案经论证不通过的，施工单位修改后应当按照本规定的要求重新组织专家论证。

第五章 现场安全管理

第二十二条 施工单位应当在施工现场显著位置公告危大工程名称、施工时间、可能出现的风险、具体责任人员、联系方式等内容，并在危险区域设置安全警示标志。

第二十三条 专项施工方案实施前，编制人员或者项目技术负责人应当向施工现场管理人员进行方案交底，并由双方和项目专职安全生产管理人员共同签字确认。涉及本细则第六条和第七条内容的专项施工方案，相应的勘察、设计单位项目负责人参加上述交底，并提出施工建议。

施工现场管理人员应当向作业人员进行安全技术交底，并由双方和项目专职安全生产管理人员共同签字确认。

第二十四条 施工单位应当严格按照审查、论证通过的专项施工方案组织施工，不得擅自修改专项施工方案。

因规划调整、设计变更、外部环境等原因确需调整的，修改后的专项施工方案应当按照本规定重新审核和论证。涉及资金或者工期调整建设的，单位应当按照约定予以调整。

第二十五条　施工单位应当对危大工程施工作业人员进行登记，项目负责人应当在施工现场履职。

项目专职安全生产管理人员应当对专项施工方案实施情况进行现场监督，对未按照专项施工方案施工的，应当要求立即整改，并及时告知项目负责人，项目负责人应当及时组织限期整改。

施工单位应当安排专业技术人员、项目专职安全生产管理人员对危大工程进行施工监测和安全巡视，发现危及人身安全的紧急情况，应当立即组织作业人员撤离危险区域。

超过一定规模的危大工程施工期间，施工单位每月应组织不少于 2 次专项检查。

第二十六条　对于超过一定规模的危大工程，专家组长或专家组长指定的专家应当自专项施工方案实施之日起，每月对专项施工方案的实施情况进行不少于一次的现场检查指导，并根据检查情况对危大工程的安全状态做出判断，填写检查指导情况留存施工现场备查。

第二十七条　监理单位应当将危大工程列入监理规划和监理实施细则，针对工程特点、周边环境和施工工艺等，制定安全监理工作流程、方法和措施。

第二十八条　监理单位应当对危大工程施工实施专项巡视检查，对超过一定规模的危大工程实行旁站监理，发现施工单位未按照专项方案施工的，应当要求其进行整改；情节严重的，应当要求其暂停施工，并及时报告建设单位。施工单位拒不整改或者不停止施工的，监理单位应当及时报告建设单位和工程所在地住房和城乡建设行政主管部门。

第二十九条　对于按照规定需要进行第三方监测的危大工程，建设单位应当委托具有相应勘察资质的单位进行监测。

监测单位应当编制监测方案，主要内容应当包括工程概况、监测依据、监测内容、监测方法、人员及设备、测点布置与保护、监测频次、预警标准及监测成果报送等。

监测方案由监测单位技术负责人审核签字并加盖单位公章，报送监理单位后方可实施。

监测单位应当按照监测方案开展监测，及时向建设单位报送监测成果，并对监测成果负责；发现异常时，及时向建设、设计、施工、监理单位报告，建设单位应当立即组织相关单位采取处置措施。

第三十条　对于按照规定需要验收的危大工程，施工单位、监理单位应当组织相关人员进行验收。必要时，可以邀请参与专项方案论证的专家参加上述验收工作。验收人员应当包括：

（一）总承包单位和分包单位技术负责人或授权委派的专业技术人员、项目负责人、项目技术负责人、专项方案编制人员、项目专职安全生产管理人员及相关人员；

（二）监理单位项目总监理工程师及专业监理工程师；

（三）有关勘察、设计和监测单位项目技术负责人；

验收合格的，经施工单位项目技术负责人及总监理工程师签字确认后，方可进入下一道工序。

危大工程验收合格后，施工单位应当在施工现场明显位置设置验收标识牌，公示验收时间及责任人员。

第三十一条 危大工程发生险情或者事故时，施工单位应当立即组织相关单位采取应急处置措施，并报告工程所在地住房和城乡建设行政主管部门。建设、勘察、设计、监理等单位应当配合开展应急抢险工作。

第三十二条 危大工程应急抢险结束后，建设单位应当组织勘察、设计、施工、监理等单位制定工程恢复方案，并对应急抢险工作进行后评估。

第三十三条 施工、监理单位应当建立危大工程安全管理档案。

施工单位应当将专项施工方案及审核、专家论证、交底、现场检查、验收及整改等相关资料纳入档案管理。

监理单位应当将监理实施细则、专项施工方案及审查、专项巡视检查、验收及整改等相关资料纳入档案管理。

第六章 监督管理

第三十四条 市级住房和城乡建设行政主管部门应当建立专家库，制定专家库管理制度，建立专家诚信档案，并向社会公布，接受社会监督。

第三十五条 县级以上住房和城乡建设行政主管部门或其所属的施工安全监督机构，应当根据监督工作计划对危大工程进行抽查。

县级以上住房和城乡建设行政主管部门或其所属的施工安全监督机构，可以通过政府购买技术服务方式，聘请具有专业技术能力的单位和人员对危大工程进行检查，所需费用向本级财政申请予以保障。

第三十六条 县级以上住房和城乡建设行政主管部门或其所属的施工安全监督机构，在监督抽查中发现危大工程存在安全隐患的，应当责令施工单位整改。重大安全事故隐患排除前或者排除过程中无法保证安全的，应当责令从危险区域内撤出作业人员，暂时停止施工，制定切实可行的处置方案。

第三十七条 相关责任主体违反本实施细则规定的，县级以上住房和城乡建设行政主管部门依法给予处罚或移交有处罚权限的行政主管部门建议给予处罚。

第三十八条 县级以上住房和城乡建设行政主管部门应当将单位和个人的处罚信息纳入建筑施工安全生产不良信用记录。

第七章 附则

第三十九条 本实施细则自公布之日起施行，有效期五年。

附录4 关于推行房屋建筑和市政基础设施工程施工项目专职安全生产管理人员直接委派制的通知

甘建质〔2021〕320号

各市州住建局、兰州新区城建交通局、甘肃矿区建设局：

为进一步强化全省房屋建筑和市政基础设施工程施工（以下简称"建筑施工"）项目安全管理，促进建筑施工企业本质安全体系建设，落实安全生产主体责任，充分发挥项目专职安全生产管理人员（以下简称"专职安全员"）安全监督管理职责，根据《中华人民共和国安全生产法》、国务院《建设工程安全生产管理条例》、住建部《建筑施工企业主要负责人、项目负责人和专职安全生产管理人员安全生产管理规定》《建筑施工企业安全生产管理机构设置及专职安全生产管理人员配备办法》等规定，决定在全省建筑施工项目推行建筑施工企业对专职安全员直接委派制度。

一、时间范围

我省行政区域内的建筑施工项目，从2021年11月1日开始推行项目专职安全员直接委派制，按照试点先行、稳步推进原则，首先在国有施工企业、大中型施工企业及其他具备条件的施工企业开展。经过一年推行成熟后，从2023年1月1日开始在全省范围内全面推行。

二、委派方式

施工企业或企业所属分公司（以下简称"施工企业"）对专职安全员直接委派和管理，从具备相关条件的人员中选定专职安全员派驻项目施工现场，并进行书面委托授权，由施工企业安全生产管理机构统一管理。专职安全员人事关系应在施工企业层面管理，其工资、奖金、福利、保险等均由施工企业发放和购买，专职安全员绩效奖金与其尽职履责情况挂钩，工资待遇应高于同级同职其他岗位管理人员并单独发放岗位风险津贴，在晋升、评优、评奖等方面优先考虑。已委派的专职安全员因离职、调动、履职不到位、考核不合格等原因不能正常履职的，施工企业应及时委派新的专职安全员上岗，同步履行岗位调整变更程序。

三、专职安全员配备

专职安全员必须取得安全生产考核合格证书（C类），与施工企业确立劳动关系，并经施工企业年度安全教育培训合格。专职安全员只能在一个项目专职从事施工安全监督管理工作，施工企业和项目不得安排专职安全员兼任其他岗位和开展其他工作。专职安全员配备应严格按照住建部《建筑施工企业安全生产管理机构设置及专职安全生产管理人员配备办法》（建质〔2008〕91号）的规定执行，工程项目配备的专职安全员为2人及以上的，应任命一名专职安全员为项目安全负责人。

四、专职安全员职责

专职安全员代表施工企业对工程项目履行专职安全监督管理职责，直接对委派施工企业负责，配合项目负责人开展安全监督管理工作，是项目安全生产工作的专职负责人，专门负责监督检查和督促安全制度措施的落实。专职安全员应每天在施工现场开展安全生产状况检查，现场监督危险性较大的分部分项工程安全专项施工方案实施，将相关情况如实计入项目安全管理档案，建立问题隐患清单台账，实行闭环管理，对检查中发现的安全问题隐患要立即督促处理，不能处理的要及时报告施工企业安全生产管理机构和项目负责人处理，对重大安全隐患要直接向负责项目安全监督的住建部门或监督机构报告处理。

专职安全员职权主要包括：1. 表决权。参加项目安全相关会议和安全方案的评议审查；2. 处置权。对发现的安全问题隐患督促及时整改，对安全措施不到位，管理人员违章指挥、作业人员违规操作和违反劳动纪律等违反相关规定的行为责任人，按照有关法律法规、企业规章制度等规定及时进行纠正和处置；3. 停工权。对直接影响安全生产可能导致事故发生的，有权要求立即停工整改；4. 否决权。督促项目管理人员落实安全生产责任制，对项目管理人员和作业人员的安全工作考核有否决权。

五、全员安全职责

施工企业和项目要实行全员安全生产责任制，明确各岗位的责任人员、责任范围和考核标准等内容。项目负责人对本项目安全生产管理全面负责，是本项目施工安全的第一责任人，组织建立项目安全生产管理体系，明确项目各管理人员和作业人员安全职责，督促落实安全生产管理制度和防范措施，确保项目安全生产费用有效使用。施工企业和项目其他管理人员和所有作业人员要按照"管行业必须管安全、管业务必须管安全、管生产经营必须管安全"和"谁主管谁负责、谁落实谁尽责"的原则，分别负责各自职责范围内的安全工作，严格执行各项安全管控措施。

六、工作要求

（一）加强组织领导，保障责任落实

各级住建部门和监督机构要高度重视，精心组织，周密部署，将推行专职安全员直接委派制作为贯彻习近平总书记关于安全生产重要指示批示精神，落实党中央国务院、省委省政府关于安全生产决策部署，着力从根本上消除事故隐患，全面提升建筑施工安全水平的重要举措，结合实际制定实施方案，摸清推行范围内施工企业和项目情况，进一步明确时间节点和具体要求，积极推动施工企业和项目按本通知要求建立和推行专职安全员直接委派制度，落实落细各级各岗位安全职责。

（二）积极宣传引导，营造良好氛围

各级住建部门和监督机构要通过宣贯培训、观摩交流等多种形式，加大政策宣传力度，引导施工企业和项目充分认识专职安全员直接委派制的重要意义，营造有利于制度推行的良好氛围。

（三）强化督促指导，推进制度实施

各级住建部门和监督机构要建立健全工作机制，将施工企业和项目落实专职安全员直接委派制情况作为日常监督检查的重要内容，对制度健全、落实到位的施工企业和项目可通报表扬，在安全生产标准化考评、评优创先等方面给予政策倾斜支持，充分调动工作积极性。对未建立相关制度、未推行委派制的施工企业和项目，要加强督促指导，并纳入较高风险监管对象进行重点监管，加大监督检查频次，切实保障项目施工安全各项制度措施落到实处。

甘肃省住房和城乡建设厅

2021 年 10 月 20 日

附录5 总包单位安全生产六项管理制度

1 安全生产责任制

1.1 项目经理安全生产责任制

1. 对工程项目生产经营过程中的安全生产负全面领导责任。

2. 贯彻落实安全生产方针、政策、法规和各项规章制度，结合工程项目特点及施工全过程的情况，制定项目各项安全生产管理制度，或提出要求，并监督实施。

3. 在组织工程项目施工时，必须本着安全工作只能加强的原则，根据工作特点确定安全工作的管理体制和人员，并明确安全责任和考核指标，支持、指导安全管理人员的工作。

4. 健全和完善用工管理手续，录用专业劳务队必须及时向有关部门申报，严格用工制度与管理，适时组织上岗安全教育，要对专业劳务队的健康与安全负责，加强劳动保护工作。

5. 组织落实施工组织设计中安全技术措施，组织并监督工程项目施工中安全技术交底的设备、设施验收制度的实施。

6. 领导、组织施工现场定期进行安全生产检查，发现施工生产中不安全问题，组织制定措施，及时解决。对上级提出的安全生产方面的问题，要定时、定人、定措施予以解决。

7. 制定本项目安全管理目标，认真负责落实。

8. 发生事故，要做好现场保护与抢救工作，及时上报，组织配合事故的调查，认真落实制定的防范措施，吸取事故教训。

1.2 项目技术负责人安全生产责任制

1. 对工程项目生产经营中的安全生产负技术责任。

2. 贯彻、落实安全生产方针、政策，严格执行安全技术规程、规范、标准。结合工程项目特点，主持工程项目分部（分项）工程的安全技术交底。

3. 参加或组织编制施工组织设计，编制审查施工方案时，要制定、审查安全技术措施，保证其可行性与针对性，并随时检查、监督、落实。

4. 主持制订技术措施计划中季节性施工方案的同时，制定相应的安全技术措施并监督执行。及时解决执行中出现的问题。

5. 工程项目应用新材料、新技术、新工艺，要及时上报，经批准后方可实施，同时要组织上岗人员的安全技术培训、教育。认真执行相应的安全技术措施与安全操作工艺、要求，预防施工中因化学物品引起的火灾、中毒或其新工艺实施中可能造成的事故。

6. 主持安全防护设施和设备的验收。发现设备、设施的不正常情况应及时采取措施。严格控制不合标准要求的防护设备、设施投入使用。

7. 参加安全生产检查，对施工中存在的不安全因素，从技术方面提出整改意见和办法予以消除。

8. 认真落实安全责任目标。

9.参加、配合因工伤亡及重大未遂事故的调查，从技术上分析事故原因，提出防范措施、意见。

1.3 施工员安全生产责任制

1.认真执行上级有关安全生产规定，对所辖班组（特别是专业劳务队）的安全生产负直接领导责任。

2.认真执行安全技术措施及安全操作规程，针对生产任务特点，向班组（包括专业劳务队）进行书面安全技术交底，履行签认手续，并对规程、措施、交底要求执行情况经常检查，随时纠正违章作业。

3.经常检查所辖班组（包括专业劳务队）作业环境及各种设备、设施的安全状况，发现问题及时纠正解决。对重点、特殊部位施工，必须检查作业人员及各种设备设施技术状况是否符合安全要求，执行安全技术交底，落实安全技术措施，监督其执行，不违章指挥。

4.定期和不定期组织所辖班组（包括分包单位）学习安全操作规程，开展安全教育活动，接受安全部门的安全监督检查，及时解决不安全问题。

5.对分管工程项目应用的新材料、新工艺、新技术严格执行申报、审批制度，发现问题，及时停止使用，并上报有关部门或领导。

6.认真落实安全责任目标。

7.发生因工伤亡及未遂事故要立即抢救，保护现场，及时上报，配合调查、分析。

1.4 专职安全员安全生产责任制

1.安全员负责本项目安全业务工作。

2.贯彻执行安全生产的方针、政策、法令、法规、标准、制度、上级指示、决定，并督促检查其执行。

3.配合项目经理制定安全管理目标，提出实施目标的具体措施，检查工地安全技术措施及经费落实情况。

4.负责安全内业台账收集整理，努力提高安全工作标准化、规范化、制度化管理，做到安全档案、资料齐全。

5.参与安全技术措施编制，检查收集工长的分部分项工程安全技术交底。

6.配合有关部门和本项目其他管理人员抓好安全教育工作，提高职工安全操作技能和自身防护能力，检查特种作业人员持证上岗情况。

7.参加组织生产安全和消防安全检查，配合政府和上级开展安全活动，制止、处理违章违纪行为，促进安全生产进程。

8.配合有关部门，按标准做好防暑降温、防寒保暖和有毒有害物品防范工作，防止煤气和食物中毒，保证职工的安全与健康。

9.上传下达有关安全文件，按规定及时准确上报工伤事故年月报表。

10.参加因工伤亡及重大未遂事故调查，分析、研究。

11.做好工地日常巡查工作发现安全隐患及时处理或签发隐患整改通知书，遇有严重隐患有权暂停生产。

1.5 质量检查员安全生产责任制

1.遵守国家法令，执行有关安全生产规章制度，熟悉安全生产技术措施。

2. 在质量监控的同时，顾及安全设施的状况与使用功能和各部位洞边防护状况，发现不佳之处，及时通知安全员，落实整改。

3. 悬空结构的支撑，应考虑安全系数，制止由于支撑质量不佳引发的坍塌。

4. 在施工中，结构安装的预制构件的质量应严格控制与验收，避免因构件不合格造成断裂坍塌，带来安全事故的发生。

5. 在质量监控过程中，发现安全隐患，立即通知安全员或项目经理，同时有权责令暂停施工，待处理好安全隐患后，再行施工。

1.6 技术员安全生产责任制

1. 在项目技术负责人领导下，负责项目日常安全生产技术工作。

2. 贯彻落实安全生产方针、政策，严格执行安全技术规程，规范和标准。结合工程项目特点，负责编制分部分项工程安全技术交底，并监督落实。

3. 具体负责项目安全技术培训教育工作，参加安全检查，对查出的隐患要从技术措施上提出处理办法。

4. 协助项目其他管理人员对施工班组的安全生产实施监督工作。

5. 参加安全防护设施和设备的验收。发现设备、设施的不正常情况应及时采取措施。

6. 认真落实安全责任目标。

7. 配合因工伤亡及重大未遂事故的调查，从技术上分析原因，提出防范措施、意见。

1.7 材料员安全生产责任制

1. 负责安全生产中的安全器具供应，保管和施工物资安全性能管理工作。

2. 贯彻落实安全生产方针、政策、法令、法规、标准、制度。

3. 对合格供应商的安全防护用品和消防设施进行验收、取证、记录工作，并做好验收状态标识，储藏保管好防护用品（具）。

4. 负责对进场材料按标准化要求堆放，合理布置消防设施消除事故隐患。

5. 对现场使用的安全设施定期检查、试验、对不合格和破损的要及时进行更新替换。

6. 对有毒、有害、易燃易爆物品管理要重点保管。

7. 认真落实安全责任目标。

1.8 机械管理员安全生产责任制

1. 负责机械动力设备及现场临时用电的安全管理和安全运行工作。

2. 认真贯彻执行安全生产的方针、政策、法令、法规、标准、制度，对机械、电气、起重设备、锅炉受压容器、现场临时用电设施安全运行负责。

3. 对施工现场新进机械、锅炉、受压容器及设备的安全装置和电气产品必须严格检查把关，应有出厂合格证，说明书等有关资料，参加验收工作。

4. 对机械操作人员和电气维修人员进行教育培训，检查机械动力设备和临时用电安全运行，日常保养，建立完善技术档案。

5. 认真执行建筑机械设备的安全规程和标准以及临时用电规范。

6. 对已发生的和未遂的机械设备事故、用电事故参加事故调查，认真分析、研究并及时向领导和有关部门汇报。

1.9 班组长安全生产责任制

1. 认真执行安全生产规章制度及安全操作规程，合理安排班组人员工作，对本班组人员在生产中的安全健康负责。

2. 经常组织班组人员学习安全操作规程，监督班组人员正确使用个人劳保用品，不断提高自保能力。

3. 认真落实安全技术交底，做好班前讲话，不违章和冒险蛮干。

4. 检查班组作业现场安全生产状况，发现问题及时解决并上报有关领导。

5. 认真做好新工人的岗位教育。

6. 认真落实责任目标。

7. 发生因工伤亡及未遂事故，要及时抢救保护好现场，立即上报，配合调查、分析。

1.10　消防保卫人员安全生产责任制

1. 做好防火、防爆、防毒工作。

2. 负责门卫管理，对进出厂车辆人员进行盘查登记，非施工或与施工无关的人员，严禁进入施工现场。

3. 对新入场的专业劳务队和施工人员进行暂住资格审查，并进行安全消防教育，将有关情况通知安全技术部门。

4. 负责安全生产的防护设施、消防器具的看护保管，制止拆改、破坏安全防护设施的行为。消防器具不得随意取用。

5. 负责对施工现场及宿舍的灯火管制，对未经批准动火，按规定不准使用的灯具、电气的要坚决制止。

6. 加强现场及宿舍的社会治安管理。

7. 参加事故抢救，并保护好事故现场。

8. 认真落实责任目标。

1.11　班（队）组安全员安全生产责任制

1. 模范执行安全生产各项规章制度，协助班（队）组长落实班组的安全责任目标，做好安全工作，接受专职安全技术人员的业务指导。

2. 协助班（队）组长组织全班安全学习，做好班组安全活动记录，加强班组日常安全教育宣传工作，搞好新工人安全教育。

3. 协助班组长每天进行本班组安全生产的自检、交接检，并做好记录。

4. 负责维修保养指定专人管理本班组的安全工具设施标志器材。

5. 及时发现和处理事故隐患，对不能处理的危险因素要及时上报。

6. 有权制止违章作业，有权抵制和越级报告违章指挥行为。

7. 发生事故要立即抢救保护好现场并及时上报，参加或配合调查、分析。

1.12　操作工人安全生产责任制

1. 树立"安全第一"的思想，牢记"安全生产，人人有责"，积极参加安全活动接受安全教育。

2. 认真学习和掌握本工种的安全操作规程及有关安全知识，自觉遵守各项安全生产制度，听从安全人员的指导，做到不违章冒险作业。

3. 正确使用防护用品和安全设施、工具，保护安全标志，服从分配、坚守岗位，不随便开动他人使用操作的机械和电气设备，不进行无证特种作业，严格遵守岗位责任制和安全操作规程。

4. 发生事故或未遂事故立即向班组长报告，参加事故分析，吸取事故教训，积极提出促进安全生产改善劳动条件的合理化建议。

5. 有权越级报告有关安全生产的一切情况，遇到有严重人身危险而无保证措施的作业，有权拒绝施工，同时立即报告或越级报告有关部门。

1.13　电工安全生产责任制

1. 电工属特种作业人员要持证上岗，对施工现场临时用电安全工作负责。

2. 认真学习贯彻执行有关安全用电的规范、标准、制度，熟练掌握电工知识、技能和用电常识，树立施工用电安全第一的思想。

3. 参与编制临时用电施工组织设计和安全用电措施计划，负责实施临时用电施工组织设计，确保安全用电。

4. 协助有关部门做好用电常识宣传教育和培训工作。

5. 参加安全检查出的问题立即整改。

6. 落实施工用电的安全责任目标。

7. 发生事故要立即抢救保护现场，及时上报，参加或配合调查、分析。

1.14　电（气）焊工安全生产责任制

1. 要持证上岗，对所焊（割）物件和所使用的器具安全负责。

2. 认真学习贯彻执行金属焊接（气割）作业的规范、标准，熟练掌握焊工作业安全技术知识，树立焊接作业安全第一的思想。

3. 严格按照施工方案和操作规程，实施焊接作业，编制焊接作业安全措施计划，正确使用防护用品、用具。

4. 认真执行焊接动火审批制度，确保施焊安全。

5. 协助有关部门做好焊接安全宣传教育工作。

6. 认真落实安全责任目标。

7. 发生因工伤亡及未遂事故要立即抢救保护现场，及时上报，参加或配合调查、分析。

1.15　机械操作工安全生产责任制

1. 机械操作人员必须持证上岗，对所操作的机械设备安全状态负责，必须做到四懂三会，树立机械操作"安全第一"的思想。

2. 对所操作的机械设备，要严格按操作规程正确使用，定期保养、维修，严禁带病运转和在运转中的维修保养调整作业。

3. 机械操作人员和配合作业人员，必须按规定穿戴劳保用品，不得擅自离开工作岗位或将机械交给非机械操作人员，严禁无关人员进入作业区。

4. 不得使用安全装置不全（失效）的机械设备，严禁拆改机械设备上的自动控制机构，限制器、限位器、报警器、安全装置、信号装置调整故障排除应由专业人员负责。

5. 当使用机械设备与安全要求发生矛盾时，必须服从安全要求，机械操作人员有权拒绝不安全不卫生的生产指令。

6. 操作人员应熟悉作业环境和施工条件，听从指挥遵守安全规则。

7. 执行机械交接班和自检验收制度，做好验收、交班、检修、维护、保养记录。

8. 在有碍安全和健康场所作业应采取安全措施，操作人员配备适用的安全防护用品。

夜间作业应有充足的照明。

9. 发生机械设备事故或重大未遂事故，抢救保护好现场，参加或配合调查、分析。

2　安全生产责任制考核制度

建立和健全以安全生产责任制为中心的各项安全管理制度，是保障安全生产的重要组织手段，为明确管理人员在施工生产生活中应负的安全职责，特对项目部管理人员安全生产责任制实行定期考核。

1. 考核对象：项目经理、项目技术负责人、项目施工员、项目安全员、项目质量检查员、项目材料员及各班组长等。

2. 考核人：

（1）公司负责考核项目经理；

（2）项目经理负责考核项目技术负责人、项目施工员、项目安全员、项目质量检查员、项目核算员、项目材料员及各班组长等。

3. 考核时间：项目经理每季度或每月一次，项目管理人员每月一次。

4. 考核形式：采用考核评分形式。

5. 考核评价：考核分值满分为 100 分，考核得分值在 85 分及其以上者为优良，考核得分值在 70 分至 84 分为合格，考核得分值在 70 分以下者为不合格。

6. 奖罚方法：90 分以上每人每次奖 200 元，70 分以下每人每次罚 200 元，在当月工资发放时兑现。

3　安全生产教育制度

1. 开展安全生产教育。使广大施工管理人员和操作人员真正认识到安全生产的重要性、必要性，牢固树立"安全第一、预防为主、综合治理"的思想，遵守各项安全生产制度。

2. 新工人三级安全教育：

公司安全教育内容：（1）党和国家的安全生产方针、政策；（2）劳动安全法律法规、企业劳动安全规章制度、操作规程、安全生产形势和有关事故案例教训等，教育累计时间不少于 15 个学时。

项目部安全教育内容：本工程施工特点、项目部规章制度、本工程安全技术操作规程、现场危险部位及安全注意事项、机械设备及电气安全事项和防火、防毒、防爆知识、防护用品使用知识等，教育累计不少于 15 学时。

班组安全教育内容：不违章、遵守岗位安全技术操作规程、正确使用安全防护装置及劳动防护用品、知道本岗位易发生事故的不安全因素及其防范对策、熟悉作业环境、机械设备的安全要求等，教育累计时间不少于 20 学时。

3. 施工现场建立安全教育档案。经三级安全教育的新工人应进行安全知识考试，考试成绩未满 80 分时应重新进行教育考试，考试合格后还应填写安全教育登记表，履行签字手续，由项目安全员负责管理，未经三级安全教育和考试不合格者严禁上岗作业。

4. 技术培训。对电工、电焊工、塔式起重机司机、塔式起重机指挥、架子工、起重机械作业、机动车辆驾驶等特种作业人员和机械操作人员须经有关部门进行安全技术培训